ようこそ
翠色の世界へ

はじめに

　今を遡ることおよそ1万年も昔の石器時代に、中国の東北部に、緻密で微透明な美しさをもつ石を道具として使う文化が生まれた。

　そのおよそ8000年後、今の河南省の黄河流域に殷（商）の王朝が誕生して、特別な石を霊石として崇める文化へと進化していく。当時は、自然界のエネルギーを宿している特別な石があると思っていたのである。

　紀元前400年の頃になると、西域では純白のネフライトが発見される。すると石に現世と来世をつなげる繋ぐ力があるという考えが生まれて、人と自然界とのコラボレーションができ、玉という名が作られて、それに優劣の差ができた。日本では弥生時代の真っ只中である。

　それを遡ること3000年の昔、隣国の日本では自然の精霊崇拝（アニミズム）のシンボルとして緑のジェダイトに畏敬をもつ王国が栄えていた。白玉を最高のものとした中国とは異なり、ジェダイトに命の芽生えと死後の魂の安らぎを願おうとした文化である。

　そこから長い時間が過ぎ17世紀も終わりの頃になると、ミャンマーでジェダイトの大産地が発見された。それが中国に持ち込まれると"翡翠(ひすい)"という名前が生まれ、今では世界の誰もが知る壮大な文化となって花開くことになる。その新しい文化を根底で支えたのがネフライトの加工で築かれてきた彫刻の技術であるが、中国の人々はそれまでの白玉の文化をあっさりと捨てて、緑の美しさに乗り換えたのである。

　読者の皆さんはそれらの特別な石の歴史に思いをはせて、過去の世界にタイム・スリップしていただきたい。

　ようこそヒスイの世界へ！

I ヒスイの歴史

1. 中国のネフライト文化〜ジェダイト発見前の時代……7
- 玉の発見場所……………………………… 12
- ジェード・ロードの誕生………………… 13
- 玉の伝説 – 崑崙の玉 -…………………… 16

2. ジェダイトの発見〜新しい玉石の参入……18
- 玉石に加えられた意匠…………………… 24
- 形象のもつ意味…………………………… 26
- 日本のヒスイ文化 ………………………… 28
- 突然に姿を消したヒスイ………………… 29
- 日本への翡翠の輸入……………………… 30
- 琅玕というイメージが生まれた背景にあるもの … 31
- 日本に於けるヒスイの再発見…………… 32

II ヒスイの形成と鉱物学
- ヒスイという名前………………………… 34
- ヒスイの形成……………………………… 34
- ひすい輝石の位置づけ…………………… 38
- ヒスイをひすい輝石から見る…………… 39
- マーケットに流通するヒスイを分類する… 40
- ヒスイの産出状態〜ミャンマーのヒスイ… 44
- ヒスイの産出状態〜日本のヒスイ……… 46
- ミャンマーと新潟県以外のヒスイの産地… 48

III ヒスイの宝石学
- ヒスイの見方……………………………… 50
- ヒスイの色を分類する…………………… 52
- ヒスイに伴う鉱物………………………… 58
- 新たな鑑賞法……………………………… 62

IV ヒスイの加工
- 原石の選出と加工………………………… 65
- ヒスイに行われる処理…………………… 68

V ヒスイの鑑別
- 通常範囲での検査………………………… 71
- 分光光度計による分析…………………… 72

● 巻末付録　ヒスイの類似石図鑑 …………………………… 73
● 索引 ……………………………………………………………… 78

column
- 01　玉という文字 ………………………… 11
- 02　玉門関 ………………………………… 15
- 03　鳳凰 …………………………………… 17
- 04　カワセミ ……………………………… 22
- 05　ヒスイの白菜 ………………………… 26
- 06　ヒスイの名前 ………………………… 28
- 07　"ぎょく"と"たま" ………………… 29
- 08　緑の質感 ……………………………… 42
- 09　ヒスイのお守り ……………………… 67
- 10　ヒスイ処理石の特殊な呼び方 ……… 68
- 11　ジェダイトの合成 …………………… 70

ヒスイはなぜ宝石になりえたのか

ジェードという名前

"ジェダイト"という名前が作られる以前に"ジェード"という名前があった。16世紀になると、ヨーロッパでは未知の世界への冒険心が芽生え、未知の国の開拓が競って行われた。新大陸の探索を進めたスペインは中南米に上陸し、今のペルーの辺りでインディオ達と出遭い不思議な光景を目の当たりにする。インディオが腰に扁平な緑の石を当てている。スペイン人は、腰の辺りを飾ったアクセサリーと思い込み、それを"piedra de hijada（腰に付けている石）"と呼んだが、後になって、胃腸の具合が良くない時に石を温めて温石として使っていた事を知る。川に流された石の中から、体の形に添う様に扁平なものを選んで加熱して温めて使っていたのである。

その行為を科学の目で見れば、温めた石から出る遠赤外線が内臓疾患に対して効したのだろう。

スペイン人は、その医療行為を本国に伝える時に"腰に付けている石"をその形状から"腎臓の形の石"と表現した。それがラテン語で"lapis nephriticus"と翻訳され、後には英語の「Nephrite」となった。

一方で piedra de hijada の言葉は、フランス語で"pierre de l'ejade"と訳され、さらに後に l'ejade の部分が"le jade"となり、後に英語で"jade"となったと考えられている。この史実からすると、事実上ジェードは狭義でネフライトという事になる。ジェードの語源は"腰の石"である。

今から5500年〜1300年前にかけて作られたヒスイの玉類。ここにある玉は、すべて日本のジェード文化圏で作られたもの。一部にレプリカを含む。

ジェードの文化圏

　かつて世界には、ジェードを使った4つの大きな文化圏があった。

　中国では、約7000年前の新石器時代にネフライトを使った文化が存在しており、世界最古の玉（ネフライト・ジェード）の文化である。斧やナイフなどの道具が作られたが、今から5000年ほど前になると、玉は地位の高い人が所持し、祭祀などに使うための精緻な彫刻の玉器が作られた。この技術は後代にまで伝わり、1784年（清朝時代）頃からビルマでジェダイトが発見されて運び込まれると、その加工技術を活かしてヒスイ加工の世界的な中心地となった。

　2つ目は日本で、これはジェダイト・ジェードを主とする世界最古の文化圏である。縄文時代前期末〜中期（紀元前3500年頃）になりヒスイの玉が突如として歴史の表舞台に現れた。

　最初はコッペパンや鰹節の様な「大珠（たいしゅ）」と呼ばれる玉であったが、後期にさしかかる頃から、勾玉の原形らしきものが現れてくる。動物の牙に孔あけをして玉としていたものをヒスイを使って表現したものである。

　日本では、緑の色は古くから神聖な色と考え、ヒスイは「豊穣、生命、再生」をもたらしてくれる石と信じられて"幸運の石"として大切にされてきた。それはすべてが緑という色に対する畏敬であった。

　3つ目は中央アメリカである。紀元前1500年頃のオルメカ・マヤ・アステカ文明では大量のネフライトとジェダイトとが使われ、宗教的かつ装飾的な工芸文化が栄えている。この文化は1519年のスペイン人の侵略によって終焉を迎えることになるが、スペイン人によりヨーロッパに持ち帰られた『腰の石』という所作と共に、やがて英語のjadeという呼称となって今に残った。

　そして4つ目がニュージーランドである。14世紀以降に、マオリ族により形成されたネフライトを含むグリーン・ストーンの加工文化が存在した。

I：ヒスイの歴史

1. 中国のネフライト文化
ジェダイト発見前の時代

　ジェードを語る時、中国を抜きにすることはできない。ジェードを中国では玉と呼ぶが、それを見出した中国人の視感は西洋人のそれとは大きく異なっていた。
　古くから中国では、玉を持つと必然的に5つの徳（仁・義・礼・智・信）が高まると信じられていた。それを特別な石の力としたが、いわゆるレトリックであり、中国ではそれを玉石の徳としたのである。

中国は、石という素材を活かして極限にまで開花させた点で特筆すべきものがあり、その利用の古くは、紀元前7500年の新石器時代にまで遡る。

殷（商）から周（西周）の時代には、ネフライトやサーペンチンを使った玉器文化が存在していた。

中国ではその玉石の加工技法を［琢玉工芸］というが、周の時代にはすでにその技術が完成されていた。

やがて戦国時代（紀元前404〜201年）になると、西域（トルキスタン）でネフライトの新たな産地が発見される。西域で発見された真っ白な玉はほんのりと光を通して温潤で柔らかな光沢があり、それまでの玉石を寄せ付けない魅力をもっていた。

中国の古代遺跡から発見されたネフライトの玉礫。東洋に於ける玉の文化は、1つの宝玉の発見から始まった。それは遠く紀元前7500年前の新石器時代にまで遡る。

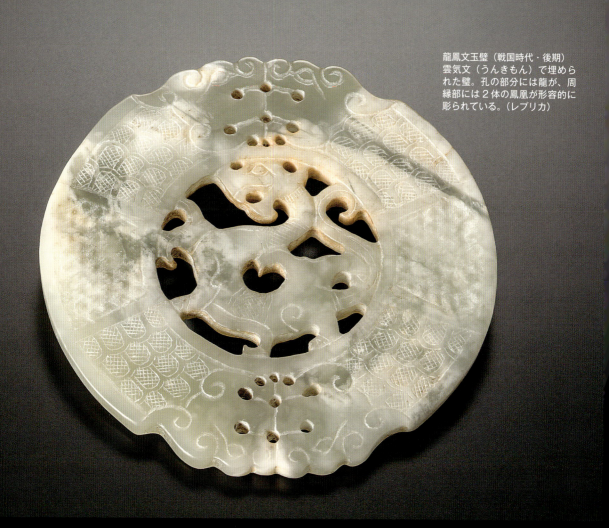

龍鳳文玉璧（戦国時代・後期）
雲気文（うんきもん）で埋められた璧。孔の部分には龍が、周縁部には2体の鳳凰が形容的に彫られている。（レプリカ）

　その白玉に魅入られたのは孔子である。彼は玉の力が現世と来世をつなげると考え、それを賞賛して白玉を天子に例え、白玉は君子が持ってこそふさわしいものとしたのである。

　じつは"玉"という文字は、特別な意味をもって作られている。宇宙観を表現したもので、3つの玉板を革の紐で縦に繋いだ状態を形象している。3枚の板は、上から「天」と「人」と「地」の世界を意味している。現在では王の文字を構成する3つの板は、3つのビーズという解釈になっているが、それを繋ぐ革の紐は極めて重要なもので、それが切れる事は破滅を意味している。天子はその3つを強固に束ねる能力を有する特別な人間であると孔子は考えたのである。

　後に中国はタリムの地を征服し、玉の産地をその版図（領土）とし、中国に次々と送り込んだ。宮中には専門の玉器工場を作り、全国から一流の玉器職人を呼び寄せ、王室専用の工人集団を作った。

　玉を使った装飾文化はますます盛んになる。祭祀器、舞楽器、佩飾玉、喪装玉、そして文具や武具が作られた。

column 01

玉という文字は、西洋でいう"宝石"的な意味合いで使われているが、以前は宝という文字は"寶"と書いた。その文字は「玉（ジェード）」と「貝（古代の貨幣）」と「缶（焼物の壺）」の3つが「家（の形象文字 宀）」の中に入っている。古代に於いては、玉石も貝（タカラガイ（子安貝））も焼物（磁器）も財産であった。

「屋根・家屋」の象形
「酒などの飲み物を入れる腹部の膨らんだ土器」の象形
「子安貝（貨幣）」の象形
「3つの玉をたての紐で貫き通した」象形

中国の古代遺跡から出土した白玉の原石（戦国時代）。
上段の右は石斧形に作られている。

玉の発見場所

　中国北西部の新疆ウイグル自治区（旧新疆省）は、南を崑崙山脈、北をタクラマカン砂漠に囲まれ、そのさらに北方には天山山脈がある。

　タクラマカン砂漠はタリム盆地の大部分を占め、南にオアシス都市和田（Khotan）がある。和田の東をユルンカシ河、西にカラカシ河が流れ、合流して和田河となりタクラマカン砂漠を北上、主流のタリム河に注いでいる。

　春になると崑崙山脈に積もった豪雪が溶け、雪溶け水が山岳の地層に埋れていた玉礫を洗い出し、ユルンカシ河やカラカシ河の川床に多くの玉礫が流れ着く。

　玉礫は山裾に住んでいる里人によって古くから知られていて、採取される玉石の色によって、ユルンカシ河は白玉河、カラカシ河は墨玉河・緑玉河と呼ばれてきた。

　水中から石を採取することを"撈玉"という。水磨された玉礫は円形状を呈し「河玉」と呼ばれるが、上流にある礫ほど大きく角ばっている。それらは特別に『山流水』の名で呼ばれ、下流に運ばれるほど小さな粒となり『仔玉』と呼ばれる。川の瀬では水中を裸足で歩き、足裏に当たった感覚で玉石を採取している。

　それに対して、山中に埋もれている石は「山料」と呼ばれ、角が鋭いところから俗に『角玉』ともいう。

　その場所が戦国時代（紀元前403〜221年）後期になり、西域を通る東西交流のキャラバン隊によって発見された。

ユルンカシ河、カラカシ河から採取された玉礫を流れにイメージして並べてある。雪溶け水が崑崙山脈から長い距離をはるばる運んできたもので、悠久の時間が美しい玉肌を作り出している。

ジェード・ロードの誕生

　和田で発見された白玉はその清楚な美しさからたちまち人々の知るところとなり、キャラバンによって中国本土に運びこまれた。駱駝の背に積まれた玉石は、タリム盆地の南にある崑崙山脈に沿い西域南道を東に向かって進んだ。
　この道は、天山北路と天山南路と交わり中国本土への入り口を通って、敦煌、玉門、西安、洛陽と進み、北京の都に玉石が運ばれた。中国への入り口であるその場所にはいつしか[玉門関（ぎょくもんかん）]という名前が生まれた。

白玉を運んだ4,000km以上の長い交易路は現代も使われている重要な輸送路で、西域南道を通る道は特別に［ジェード・ロード］の名で呼ばれている。この道、西欧側からの呼び名では［シルク・ロード］と言う。

1962年、シルクロードの美術史研究家の林良一が、著書『シルクロード』の中の「玉と絹」の項でホータンの玉について言及し、その8年後（1970年）には作家井上靖が小説『崑崙の玉』を発表した。すると西域での玉が日本でも知られる様になり、さらにその10年後（1980年）には、「シルクロード－絲綢之路　第7集　砂漠の民～ウィグルのオアシス・ホータン～」の中で、白玉河の玉の採取と、採取した玉の輸送が放映された。すると白玉はさらに多くの日本人が知るところとなったのである。

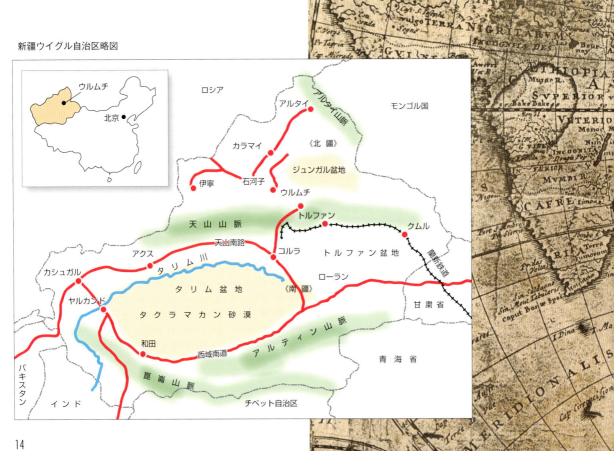

新疆ウイグル自治区略図

シルクロード略図

column 02

黄河遠上白雲間
一片孤城万仞山
羌笛何須怨楊柳
春光不度玉門関

玉門関は中国本土への敵の侵入を見張る目的で漢の時代に建造された。日干し煉瓦で構築されて、城壁は高さ10メートルにも達する。
以来、中原地域のシルクや茶葉など、多くの品物がここを通る時の関所の役割をしていて、西域の国々へと運ばれた。西域からは葡萄や瓜などの果物や特産品が運び込まれた。キャラバンの姿が絶えず、使者が往来し、極めて繁栄した光景だったが、当時の繁栄は今や夢の痕。烽火台跡だけが残り、俗に小方盤城と呼ばれている。展望台からは荒れたゴビ砂漠を一望することができ、玉門関の上に立って王之渙の詩「涼州詞」を朗ずるとその場所が当時どういう意味をもっていたのかが実感できる。

「黄河の川上へどんどん登っていくと、次第に雲の間に入っていくように思われる。
高い山の中には一つのはなれ城が見えてきた。
周辺では異民族たちの笛が折楊柳の曲を奏でている。しかし彼らが楊柳への恨みを訴えても何になるだろう。
どうせ玉門関には春はやってこない。」

新しい光は城の外までは届かず、柳も芽生えない。だから柳の枝を手折って別れの時に渡すという風習もない。よって羌笛を吹く異民族は恨みを持つこともなく、異民族が恨みを抱いていないということがわかる。その事がかえって柳を折る風習を理解する漢人に悲しみを抱かせるのだ。

玉の伝説 - 崑崙の玉 -

角閃石の緻密な集合がなければ、この様な繊細な造形は不可能である。それはネフライトという玉石が有している特質であった。

これが俗に言う『マトンファット・ジェード（羊脂玉）』である。この質感は、それまでにあった玉石の質感とは大きく違っている。

　玉石が中国に運び込まれた当初、白玉は［崑崙の玉］と呼ばれ、それらの玉からは、石質を生かして神聖な玉器や精緻な工芸品が作られた。

　古代の中国では、死者の魂は「崑崙山」を通って天界に昇ると考えていた。崑崙の山は（今の）崑崙山脈の西方にある古代中国の伝説の神山である。崑崙の丘ともいわれ、黄河の源で、美玉を産出する場所である。仙界とも呼ばれ、八仙がいるとされた場所であり、そこには仙女の西王母が住んでいると考えられた。

　その崑崙山の入り口で死者の魂を迎え頂上（天界）へと導いていくのは"鳳凰"

ここにある玉石は20世紀に入って作られたもの。彫りの技術を見ると玉石の質によって大きな違いがある。中列左の仙果（せんか）（桃のこと）と後列の如意（にょい）を比較するとその技術の違いは歴然で、白玉が宝飾品として多く作られた事がわかる。写真の如意は、彫られてはいるが、玉質を熟知した工人の手になるものではない。

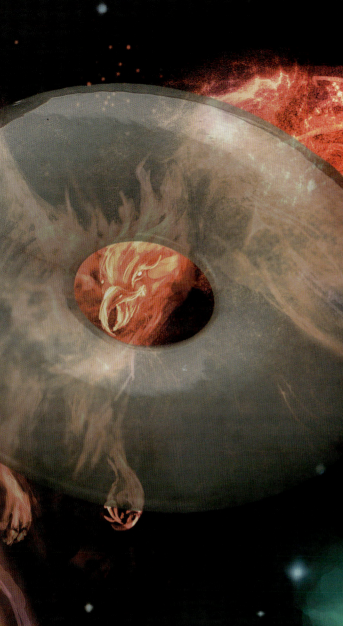

である。徳の高い人間が世を治める平安の時にこの世に現れるといわれる霊鳥で、中国では青くみずみずしい色の竹を琅玕と呼んだが、鳳凰はその実を食べるとされた。

「璧(へき)」と呼ばれる玉器が作られている。円盤状で中央に孔が開けられたもので、天の神を祀る祭祀に用いられた。江南の良渚文化（紀元前3000～紀元前2500年に揚子江下流域に興った）では、副葬品として死者を覆う様にして置かれた。死者の魂は、鳳凰の導きにより永遠の不滅を保障されるが、鳳凰はこの孔を通って天界に死者の魂を運んでいくと考えられた。

「璧」は天界を想像した形である。切れ目が入ったものは「玦(けつ)」というが、完璧という文字は円盤が完全な状態ということから由来している。

孔子の生きた時代以来、中国では純白の玉を天子と讃(たた)えて、"福徳 福財 不老不死"のシンボルとして崇拝と礼拝の対象にしてきた。

白玉は最高位の宝玉とされ、それを持つ事で権威や最高のステータスが得られるばかりでなく、永遠の魂を授かりたいという事で王侯貴族達はそれを競って入手し、玉の徳を得て、来世までも玉の徳にあやかろうとした。それほど純白の玉（ネフライト）には特別の魅力があったのである。

column 03

鳳凰は想像上の鳥だが、その姿は上半身が雌の麒麟、首は蛇、顎は燕、背は亀、胴から下は鹿、そして嘴は鶏で、羽には5つの色があり、尾長鳥の様な長く美しい尾羽を持っている。鳳は雄、凰は雌で、五色絢爛に輝いて宙を舞い、生き虫は啄まず、生き草生き花は折らず、けして群れを成さない。
360種の鳥の長で、一度飛び立てばあらゆる鳥がそれに順ずる。西洋では『フェニックス』と呼ばれている。

2. ジェダイトの発見
新しい玉石の参入

　13世紀になって、中国の長い玉の文化を根底からひっくり返してしまう事が起こった。

　雲南省に住む1人の商人が、ビルマと中国を行き来している道で綺麗な石を見つけた。その石は貴重な玉石と似ていが、より深い鮮やかな緑の色をしていた。玉の関係者達はそれまでにない新しい石だと判断して、すぐさま調査隊をビルマに派遣したという。しかし商人は発見場所を明かさなかった。それから100年以上も、多くの人がビルマに行き探索したといわれているが、その場所はとうとう分からず終いであった。

切断面に点在する鮮やかな翠色はこれまで
の玉石には存在しない魅力だった。

　17世紀も終わりの頃になって、ビルマに住んでいる中国人華僑が新しい石の発見場所を偶然に見つけ出した。多くの原石が採掘されて中国に持ち込まれると、その新しい石はそれまでの玉にはない豊富な色をもっている事がわかってくる。

　緑、紫、黄色、さらには真っ赤なものもあり、すべての色が1つの石の中に混じっているものまでがある。人々の嗜好が新しい玉石の方に変わるのに、さしたる時間はかからなかった。

　その玉石は、中国で古代から神聖視されてきた"カワセミ（翡翠）"という水鳥にイメージされて『翡翠玉 Fei cui yu』という名前が付けられた。

　その名前は後に日本に伝えられるが、伝えられたのは翡翠という部分だけであった。しかし翡翠という名前は色を表現した部分なので、本来は石の名前ではない事がわかる。正式な和名は『ひすい輝石』である。

　彼らが特に引き付けられたのは、エメラルド・グリーンとカーネリアン・レッドの色であった。"翠玉"と"緋玉"とい

清朝後期に作られた工芸品。翡翠をはじめとして西域のピンク・トルマリン（碧璽（ピーシー））、珊瑚、紅水晶（ローズ・クォーツ）、天然真珠で加飾されている。その台（地金）に見られるブルーの部分はカワセミの尾羽や主翼の先端の羽毛を貼り付けたもの。

清朝皇帝や王侯貴族達の衣服を飾った翡翠のボタン

う名前で呼び分けられ、中でも鮮やかなグリーンの石は中国王室でも好まれた。

今でこそ庶民も容易に購入できる様になったが、当初は王公の占有物とされ、宮廷の后妃たちに特に愛好された。以来その石は"皇帝のジェード"という異名をもつ事となる。

中国人はそれまでの玉石と一線を画して新しい玉を遇したが、皮肉にも古代から最高位の玉として孔子が天子にまで例えたネフライトは、新しく発見されたジェダイトの前に次第に顧みられなくなる。

1880年頃になってヒスイの最大の鉱床がトーモーで発見される。そしてこの期を境にして、以前の鉱床を［Old Mine（老坑）］、新しく発見されたそれ以後のものを［New Mine（新坑）］と呼ぶ様になった。老坑は転石の露頭から採取されていたもので、新坑は原岩の露頭から採鉱したものである。老坑の石には特に品質が良いものが多い。じつは日本で最高のヒスイとされている琅玕（ろうかん）という名前は、インペリアル・グレードのヒスイと、老坑からのヒスイは上質であるという部分が

西太后（清朝後期）

column 04

カワセミは、緑色の羽、赤い腹毛、鮮やかな青い背毛から成っていて、新しく発見された玉石にイメージが重なったのも理解できる。

しかしその中国では、カワセミは古くから天狗の化身と考えられていた。天狗といっても、日本で知っている、長く赤い鼻を持った妖怪ではない。

じつは中国の天狗は隕石のことである。隕石は高音響を発して光の様に直線的に落下してくる。カワセミもリーリーとかん高く鳴きながら飛んで、捕餌の際に水面に流星の様に突っ込んでいく。その行動から、天から遣わされた神聖な鳥として崇められていた。

混同して、老坑と琅玕を取り違えてしまったものと考えられる。

後にビルマはイギリスの植民地となる。この国は地政学的に東西の中間点にあり、3度に亘る英緬戦争はイギリスがビルマの石油を搾取するという主な目的があった。ビルマの鉱物資源がなければイギリスの産業革命は成功しなかっただろうとさえ言われている。

しかしその側面では、イギリスはモーゴクにある最上質のルビーとサファイアに魅了されて侵略したとも言われている。しかしイギリスはカチン州のヒスイには目もくれなかった。採掘から運搬までの一切を現地の架橋の手に委ねたが、これは宝石の嗜好の違いに他ならない。以後、1963年にビルマ政府が採掘から販売までの権利を国有化するまで、この権利は中国人の手中で続いた。

いまだに"ヒスイは中国の宝石"と思っている人がいる。中国人が見つけて母国へ持ち込み世の中にデビューさせたからだが、しかしそこに伝統的な玉の加工文化という基盤がなければこれほど有名にはならなかっただろう。

1962年になるとミャンマーに軍事政権が成立する。それを期として外国人の北部ビルマへの立ち入りは禁じられたが、政府主催のヒスイの入札がヤンゴンのインヤレイク・ホテルで毎年開催され、外国人の取引の場となる。1993年まで続いたが、現在では専売公社の運営に変わって、年2回のオークションが開かれている。（下図は、はヒスイ（と真珠）の入札用紙。1970年代に旧ビルマで使用されていたもの。）

中国では、人々の生活水準が上がるにつれて民間へもヒスイの人気が次第に広がっていく。富裕層の人々は、正妻にはヒスイを贈り、第2夫人にはダイアモンドを贈った。当時はダイアモンドという宝石が、蚊帳の外の価値であった事がわかる。

軍事政権下になった1970年代に、インヤレイク・ホテルで開催される入札会で使われたヒスイ（と南洋真珠）の入札用紙。

玉石に加えられた意匠

　古来中国では、特別の人々が使う為の器材を美しい玉石で作り続けてきた。琢玉(たくぎょく)の技法は石器製作の経験と技術の基礎の上に発展してきた。石材は砂岩や頁岩を経て、サーペンチンからネフライト（和田玉）、そしてジェダイト（翡翠玉）へと変化した。

◎ 玉器の形式の系統

- **祭祀器(さいしき)**　天子が礼拝の時に、天地四方を拝む為に使用したもので、6種の玉器（青色の璧 Pi ／黄色の琮 Tsung ／青色の圭 Kuei ／赤色の璋 Chang ／白色の琥 Lang ／黒色の璜 Huang）がある。
今に伝わる、青竜、朱雀、白虎、玄武の四神信仰は、祭祀玉器と関連がある。

- **礼器(れいき)**　王朝が官制で玉の所有者の地位を定め処遇の印としたもので、6種の玉器（4種の圭 Kuei（鎮圭／桓圭／信圭／躬圭）と2種の璧 Pi（穀璧／蒲璧））がある。

- **喪葬器(もそうき)**　埋葬の為の玉器で、『喪葬玉』といい貴人の遺体や衣服に着けて埋葬した装身具のこと。四角い小板の玉を金や銀、銅糸で編んで遺体に着せた『玉衣』や、埋葬の際に使う、玉製の『含蝉』、『瑱』、『握』もそのひとつ。

- **符節器(ふせっき)**　天子が命令を下す時に、護符として使用する信符（手形）の玉器のこと。

- **文具(ぶんぐ)**　書机に置く硯屏や筆架や筆立て。
- **鑲嵌具(じょうがんぐ)**　器物に象嵌された玉。
- **法具(ほうぐ)**　瑞祥祈福のための道具として玉を使って「如意」が作られ、宮廷内の玉座や寝室に置いて縁起物としたが、皇帝の即位式や皇后の誕生日に王族貴族たちからも贈られた。
その他、舞楽器として『玉磬』が作られた。歌舞の際に使用するもので、ネフライトの持つ緻密さを利用して、板に切り出し吊り下げて叩いて音を出した石琴の事である。

中国の工人達は3600年という時間を引き継いで、玉という素材がもっている魅力を最高レベルにまで引き上げた。和田玉に出会った人間がさらに翡翠玉に出会い、玉石を権威の象徴として作り上げたのである。石には特別な模様が彫られ、その意匠は連綿として現代にまで受け継がれている。

□**装飾器**（そうしょくき）　装飾目的で、体や衣服に着けた装身具のこと。写真は髪飾り。

□**武具**　代表は「玉韘」（ぎょくしょう）で、中国名は『扳指』（バンチョア）。日本では"弓掛け"（ゆがけ）という。弓の弦を引く時に怪我をしない様に親指に填めたもの。

形象のもつ意味

　時代が下がると、皇帝関係の人々ばかりでなく、富裕層の人々の間でも玉を身に着けるという習慣が生まれてくる。そこにはそれまでの伝承が加えられ、様々なモチーフが彫られた石が護符として使われる様になる。

　玉石に彫られている模様には様々な意味がある。

① 鳳　　凰：女性の美しさを守ってくれる神鳥と信じられ、娘達が成人すると、このモチーフを象った護符が縁起物として贈られた。

② 　蝶　　：恋愛成就のシンボルで、男性が婚約者に贈った。

③ 南　京　錠：子供の首にかけて、体から生命の神が抜け出さない様に祈った。このモチーフを身に着ける事で、すべての病から子供を守れると信じた。

④ 仏　　手：仏の手を象ったもので、最高の幸福のシンボル。仏の加護で、長命で膨大な財産が得られると信じた。右頁の写真の仏手は仙果（桃）をつかんでいる。

⑤ 石　　榴：多くの種子ができることから、多産の象徴とされた。

⑥ 六耳宝結び文：八吉祥の１つで、"盤長"と呼ばれるもの。仏の教えが余すところなく貫徹し、物事の道理に通じて明らかであることを意味する。

⑦ 八　　卦：天、沢、火、雷、風、水、山、地を現したもので、この８つの要素が自然と人生を支配するものと考えた。右頁の写真の八角形の八卦は植物文と組み合わせてデザインし、中央に"命"という文字が彫られている。また円形の八卦は、内部に同心円状に八卦がデザインされている。

⑧ 　蘭　　：蘭は四君子の１つ。中国では君子の花として貴ばれた。周囲を唐花文と屈輪文様をアレンジしたもので飾っている。

⑨ 福　禄　寿：道教で信仰された仙人。不老不死の神で、長寿のシンボルとされた。

⑩ 雙　喜　文：「喜」の字を２つ横に並べたもので、夫婦２人いつまでも離れずに一緒だという気持ちがこめられている。結婚式を挙げる時には、必ず式場の窓や柱などに大きな赤い「喜喜」という文字を貼る。

column 05

　台湾の故宮博物院にヒスイの白菜がある。モデルとなった白菜は中国の縮緬白菜で、縮れた葉っぱの部分は青みがかった緑色で、下半分が白い。２匹のキリギリス（螽斯）が彫られている。

　その白菜は、光緒帝に嫁いだ瑾妃が紫禁城の永和宮から持ってきたものである。

　光緒帝の伯母は有名な西太后である。西太后は九代咸豊帝の側室で、10代同治帝の母親である。同治帝が亡くなると、西太后は妹の子供を11代の皇帝（光緒帝）にするが、やがてその光緒帝を幽閉して清朝の政策を思いのままにする。

　西太后は新しく発見されたヒスイを大層好んだ。贅沢は大変なもので、その生活はやがて王朝を滅亡へと導く事になる。

　玉石の工人は見る者に一種の謎かけをしたのだ

ろうか。白菜は清廉純潔、キリギリスは勤労性を象徴する。清の王朝名は野菜を意味する青の文字の発音と同音、キリギリスはその大きな繁殖力から子々孫々までの繁栄を意味し、王朝の発展を意味して彫られているという。

　中国最後の王朝は、光緒帝の死後３年目にして、孫文の辛亥革命によって幕を閉じる。皮肉にもヒスイに例えた清の王朝はキリギリスによって食い滅ぼされてしまった形に見える。

　故宮には、膨大なヒスイのコレクションが今に残る。

日本のヒスイ文化

　今から5000年を優に超える遥か昔、富山県から新潟県にかけての海べりで縄文人によってヒスイが発見された。

　当時、緑の色は大地に豊穣をもたらして生命の存続と死者の魂の再生を可能にすると信じられており、縄文時代の前期のころ（5500年前）に糸魚川を中心としたヒスイの文化が短時間で生まれ、北陸に大きなヒスイの王国が作られた。中米のオルメカのヒスイ文化はそれより3000年も後、絢爛な中国のヒスイ文化はごく最近の事なので、糸魚川のヒスイ文化はまぎれもなく世界最古といえる。
万葉集の中に、
【ぬなかわ（奴奈川）の　そこ（底）なる　玉　求めて　得し玉かも　拾いて　得し玉かも　惜しき　君が　老ゆらく惜しも】
というヒスイを詠った古歌がある。

　その意味は、［ぬな川の底にあるすばらしく美しい玉。私が探し求めてやっと手に入れた美しい（緑の）玉。やっと見つけて拾った玉。その玉の様に大切な貴方が、齢をとっていかれるのが惜しまれてならない］というものだが、奴奈川というのは糸魚川のことである。

　ではその緑の石は、当時何と呼ばれていたのだろうか。今に伝わる正確な文字記録はないが、この石を取り上げている書物を、平安、奈良時代と遡っていくと、おそらく「鴗鳥の青（緑）き石」と呼んでいた節がある。そこから転じて『鴗石』と呼んだのではないだろうか。あくまでも筆者の推測でしかないが、鴗鳥はカワセミの古名で、古くは奴奈川姫を指していたからである。

　川に流れ、海から揚がったヒスイの肌は独特のはだを見せ、まさに"万葉の宝石"である。

　そのヒスイを海岸で発見した古代の人はどの様な感動を受けたのだろうか。西日本から移住してきた縄文人が緑の石を見つけた時、裏日本は正に新天地となった。しかし縄文人がそこから明星山にまで登って原産地を探索した痕跡はない。

　前期の末葉から中期初頭頃には「大珠」と呼ばれる鰹節の様な形をした大形の飾り玉が作られたが、そこは蛇紋岩を加工した磨製石斧や耳飾りの生産圏の中にあって、石を削ったり磨いたり、孔を開ける加工技術の基盤が完成されていたから、すぐさまヒスイの

蛇紋岩で作られた石斧。縄文時代の石斧の多くは砂岩や粘板岩で作られており、この緑の斧は特別に貴重なものであった。

column 06

東洋圏にあってヒスイの名前は不思議なものだ。滴るほどに美しい緑の石を見た日本の古代の人々は「鴗鳥の青き石」と呼び、4000年後の中国の人々は「翡翠玉」と呼んだ。アニミズムの世界の中で、ジェダイトにはカワセミの魂が宿っていると考えていたのだろう。
皮肉なことである。中国からビルマ産のジェダイトが日本に伝えられた時、その石が遥か昔に我が国で見つかっていて、それもカワセミの名前で呼ばれていたなどとは夢にも思わなかったのだから。

工場として機能したのである。

発見されている玉類には孔が開けられていることから、垂玉（垂れ飾り）として使ったことは間違いないが、その使途は今の様なアクセサリー感覚の装身具ではなかっただろう。ヒスイ自体が産出の少ない素材であることはいうまでもないが、玉類の出土数は極端に少ないことから、酋長やシャーマンの威厳の象徴として所持されたものだろう。ジェダイトの滴る様に深く鮮やかな緑の色の玉を持つことは、権力の偉大さを誇示するのにふさわしい。

後期中葉（約4000年前）になると突如として勾玉が作られる。弥生時代になると勾玉は典型的な形として完成し、古墳時代にかけて多く作られる様になる。

縄文時代の始めに興った糸魚川を中心とするヒスイ文化は、弥生時代、古墳時代を通して、近隣地域だけでなく、遠くは西日本から九州、北は北海道までと、列島のほぼ全域にまで広がっており、さらには海を越えて朝鮮半島にまで玉製品が伝えられている。

イラスト：望なつき

突然に姿を消したヒスイ

しかし日本のヒスイが歴史の上から完全に姿を消す時がくるのである。

奈良時代以降は勾玉の生産自体が完全に停止される。7世紀の頃になると、日本は大陸との文化交流の中で唐の影響を最大に受けて、服飾にも大きな変化が起こる。歴史家の中には、服飾の変化の為に権力の象徴としての勾玉を飾る場所がなくなってしまったという考えや、その時代はすでにシャーマン（巫女／呪術者）の必要がなくなったからだという考える人もいるが、じつは勾玉だけではない。ヒスイ自体が日本の歴史の上から完全にその姿を消してしまったのである。

筆者は、おそらくその時、西日本を通って大陸から奴奈川のヒスイを探索する大きな集団が入り込んできたのを察知して、ヒスイそのものを隠さなければならない事態に陥ったのだろうと考えている。

column 07

漢字の「玉 ぎょく」は音読みで、本来の意味は"磨くと美しい石"。
大和言葉（日本語）の「玉 たま」は訓読みで、"まるいもの"という意味がある。
漢字で書けば同じ文字であるが、古代中国での"ぎょく"は材質に意味の重点があり、大和言葉の"たま"には形態に意味の重点がある。勾玉の形態は芽生えの痕跡をもつ丸い魂にも、母親の胎内を形容化した様にも見える。

29

日本への翡翠(ヒスイ)の輸入

　時代が明治になると、日本から海外へ出向いた袋物商(現在でいうアクセサリーを商う業者)が、ダイアモンドやアメシスト、ガーネット、オパールを日本に持ち込んできた。中国からはネフライト(玉)や古渡り珊瑚(地中海産の珊瑚)を買い付けてきたが、中期から後期にかけてはヒスイも買い付けてくる様になった。

　19世紀の末から20世紀の中国では、経済の疲弊や秩序の緩みで清朝は混乱した状態に陥り、アヘン戦争や日清戦争の賠償金の負担は、中国国家に大きな影響をあたえた。続いて起こった1900年(明治33年)の義和団事件、11年後の辛亥革命(1911年)は大きな痛手となって、王朝の秘宝の流転に拍車をかけ、多くが海外にまで流出していく事になる。ヒスイの玉器や装飾品も例外ではなかった。

　その流れで日本にも、多くのヒスイの製品が輸入される様になる。そこで生まれたのが『軟玉(なんぎょく)』と『硬玉(こうぎょく)』という区分である。同じ様な質感に見える事から、ほんの少しばかり硬度の低いネフライトを軟らかい玉、少しばかり硬度の高いジェダイトを硬い玉と呼んで区別したものである。

　日本では、明治維新によって仕事を失った金属や刀装具の錺(かざ)り職人達が、伝統技術を活かしてアクセサリーや小間物を作り宝石を飾った。ヒスイも例外ではなく、新興の貴金属店、百貨店、時計店で販売され、瞬く間にその需要は拡大した。

　今、日本で明治育ちの人々が購入して愛好したヒスイのアンティーク製品のほとんどは、この様にして中国から持ち込まれてきたものである。

これらの翡翠を使った装身具(アクセサリー)は、大正時代から昭和の初期にかけて中国から輸入したものや、それを日本で解体して作り上げたもの。左上の2点は「サドル(腰掛)・リング」と呼ばれるもの。その下の2点は、サドルの部分を切り取ったもの。右にあるマーキーズ形のものは、切り取ったサドルを整形したもの。この形をフランス語でnavette(ナベット・小さな船)という。帯留めにはアメシストが使われている。

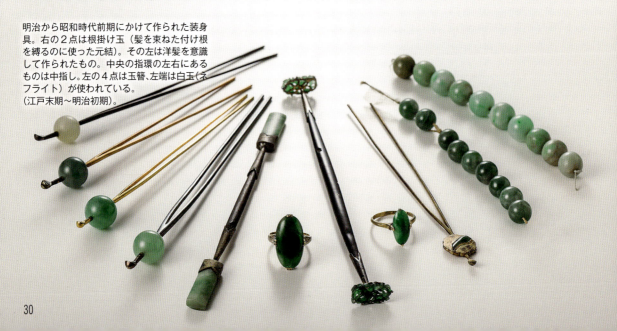

明治から昭和時代前期にかけて作られた装身具。右の2点は根掛け玉(髪を束ねた付け根を縛るのに使った元結)。その左は洋髪を意識して作られたもの。中央の指環の左右にあるものは中指し。左の4点は玉簪、左端は白玉(ネフライト)が使われている。(江戸末期〜明治初期)。

琅玕というイメージが生まれた背景にあるもの

　斯様な経緯があり、ヒスイは日本人にとって親近感のある高級な宝石となって浸透した。その様な中で、戦後になって日本人の間では『琅玕（ろうかん）』と呼ばれるものが最高のヒスイであるという考えが流行し、半透明でどこまでも透きとおり、緑滴るほど深く鮮やかな色とされた。

　中国の古典ではその言葉を以って多くの最高の宝玉類の名称としていたものだが、じつは琅玕とは石の質感を表現したもので、いくぶん青みがかってくすんだ緑色のものを指した。必ずしも深い緑色を意味してはいないが、その色は原石の産出頻度からすれば極端に少ないものである。後に出てくる『アイス・ジェード』と呼ばれているものもじつは琅玕。

　この石の中をじっと見ていると光がどこまでも吸い込まれていく様で、かつての中国人は石の奥に崑崙山を見ようとしたのでないだろうか。

　文豪谷崎潤一郎の小説『春琴抄（1933年・昭和8年）』の中に、『瑯玕』という文字でヒスイが登場する。

　盲目の三味線の師匠が飼っている鶯の籠を入れている飼桶の飾りとして書かれ、ヒスイの質感を"妙に薄濁りのした"と表現し、また随筆『陰翳礼讃（いんえいらいさん）』の中でも、"支那人はまた玉（ぎょく）と云う石を愛するが、あの、妙に薄濁りのした、幾百年もの古い空気が一つに凝結したような、奥の奥の方までどろんとした鈍い光りを含む石のかたまりに魅力を感ずるのはわれわれ東洋人だけではないであろうか。ルビーやエメラルドのような色彩があるのでもなければ、金剛石のような輝きがあるのでもない……………"と書いている。ヒスイは、細かな結晶がまるでモザイクの様に絡み合っている。エメラルドやダイアモンドの様に一つの結晶ではないから、光が複雑に散乱して妙に薄濁りをした透明に見えることになる。谷崎潤一郎はこの質感を見事に感じとったのである。

　さらに化学畑の宝石研究家であった崎川範行博士が、"炒りたての早生の銀杏の実をむいてとりだした透きとおった緑に光る果肉のような感じ、そのようなものがヒスイとして最上のものとされています"と自らの著書の中で琅玕の色を表現した。

　1950年代、まだ宝石の啓蒙書が今の様に多くなかった頃のことである。あまりに上手くその質感を表現してしまった為に、ほとんどの人が最上級のそれという表現を、滴る様にみずみずしいヒスイをいう言葉だと覚えてしまい、琅玕は最上級の緑の翡翠として多くの人々の記憶に留まることとなった。

　琅玕という表現を最上級のものとした表現は、谷崎潤一郎が玉の質感を表現した"妙に薄濁りのした"という表現をアレンジした博士独自の表現だったのである。

この質感が琅玕である。静かに深い青みがかったグリーンで、白玉の品格に通ずるものがあり、西太后がもっとも好んだ色だといわれる。p.26のヒスイの白菜の緑の大部分がこの色のヒスイでできている。

日本に於ける
ヒスイの再発見

　古代に特別な事情があって人々の記憶からヒスイの存在は完全に失われてしまった。以来過去の考古学者は、日本ではヒスイは産出せず、古代の遺跡から出土するヒスイはビルマ（現ミャンマー）産のものが中国や朝鮮を経由して持ち込まれたものと考えていた。

　近年になり、日本に中国を経由したビルマ・ヒスイの製品が身近に普通にあった事も、その考えに大きく影響を与えたといえる。

　しかしそんな中で、美しい緑の石はヒスイとは分からぬままに、糸魚川に住む人々に古くから見つけられていた。庭の置き石や石塀の飾り石に使用したり、驚いた事に漬物石に使っている人もいたという。

　それがヒスイという石だと分かる時がくる。糸魚川に住む詩人、相馬御風からその切っ掛けが芽生えた。御風は古事記や万葉集の中の奴奈川姫や玉の記述から、姫は地産のヒスイを身に着けていたのではないかと考えた。

小滝川のヒスイ転石群。若かりし頃の筆者。

　彼の話を聞いた人からのつながりで、糸魚川の伊藤栄蔵という人により小滝川の支流の土倉沢で1200年の空白を超えて、美しい緑の石が発見される。その緑色の石は1939年に仙台の東北帝国大学（現東北大学）の河野義礼博士によって、ヒスイと確認された。

　河野義礼は同年に現地を訪れて、土倉沢より少し下った明星山の崖の下の小滝川の河原でヒスイの転石群を発見する。

　1954年になり、青海川で地質調査をしていた東京大学の学生達が、上流でヒスイを発見した。55年には、建設業の伊藤武が橋立付近の河原でヒスイを発見し、教育委員会の青木重孝や新潟大学の茅原一也博士らの調査で、ヒスイである事が確認された。1956年には、小滝川の河原のヒスイ転石群が、国の天然記念物に指定されて、1957年には、橋立のヒスイの河原が、第二のヒスイ峡として国の天然記念物に指定されている。

　2008年に糸魚川市はヒスイを「市の石」に、2016年の5月には日本地質学界が「新潟県の石」に選定している。

現代に作られた念珠。ヒスイには、その名前はもとより、宝玉としてのイメージがあり、なかなかの人気がある様だ。

II：ヒスイの形成と鉱物学

ヒスイという名前

ヒスイは、目で見る事ができないほど微細な結晶が無数に集合した形をとって、常に塊状で産出する。集合している結晶は「ジェダイト Jadeite（ひすい輝石）」で、その出来方と形状から考えるとヒスイは"岩石"なのである。

つまりジェダイトは鉱物名称で、塊状体を構成している1つの結晶に対して付けられた名称であるが、わかりにくいので、その周辺の名前をここで簡単にまとめておく事にする。

和名と英名の間には互換性が無く、さらに集合構造をもつ宝石だという事が個々の名称をわかりづらくする原因となっていて、皮肉にもその事がこの宝石を理解しにくいものにしている。

ジェード
緑の色を持つ特定の質感の石を呼んだもの。

翡翠
本来が中国で特別な色に着目してヒスイを呼んだもので、イメージ・ネームである。

ヒスイ
ジェダイト（ひすい輝石）から構成されている岩石の名称。

ひすい輝石
ヒスイを構成する鉱物の1つをいう鉱物名称で、翡翠玉を後の時代に分析して名付けたもの。英名はジェダイト（またはジェイダイト）である。

本書では、前後の文脈によりヒスイ・翡翠を使い分けている部分があります。

アメリカ カリフォルニア州産のひすい輝石岩で、黄色い部位がジェダイト、青色の柱状の結晶が藍閃石。

ヒスイの形成

多くの宝石の中にあってヒスイほど稀有な石はない。かなり特殊な環境でしか形成されない為、その産地が限られているからである。

46億年前、原始地球が誕生してやがて大陸塊が生まれた。先カンブリア紀以降になると地球の内部が冷え始め、世界の数箇所でヒスイ（ジェダイト）を含む岩石が生まれた。その後地球の温度がさらに下がると、一枚岩であった大陸は次第に分裂を始め、それに伴って生まれた造山運動でさらに限られた場所で純度の高いヒスイが形成された。そのヒスイのひとつが、今から5000年を優に超える遥か昔、縄文人によって富山県から新潟県にかけての海辺りで発見されている。

ひすい輝石が形成される場所は、海洋プレート（岩盤）が大陸プレートにぶつかってその下にもぐり込んでいく「沈み込み帯」と呼ばれているところである。

地下20kmから30kmの場所で、『藍閃石 Glaucophane(グリューコフェン) $Na_2Mg_3Al_2[OH|Si_4O_{11}]_2$』を特徴的に伴う変成帯である通常地下20kmから30kmの場所は温度が600℃程度になるが、沈み込み帯では圧力が高い割りに温度が低いという条件が満たされる。ひすい輝石の形成条件である圧力が1万気圧で200℃から300℃程度の場所は、極めて限られている。

対してネフライトの方は、ジェダイトの半分程度の圧力（推測値で5000気圧程度）と400℃から500℃程度の温度の下で形成され、ジェダイトに比べると"高温低圧型"の変成作用である。

かつてひすい輝石は、沈み込み帯に運ばれた岩石中の曹長石（アルバイト）が分解して石英と共に形成されると考えられていた。p.34左下の写真のヒスイはトルコ産で紫色のものだが、分析をしてみると、石英や雲母に混じってひすい輝石が形成されている。このタイプのものは宝石界では『マトリクス・ジェード』と呼ばれていて、ひすい輝石の量は少なく「含ひすい輝石岩」と呼ぶべきものだが、ひすい輝石の成因を考える上での示唆石ともなるものである。

アルビタイトの間にヒスイが形成されている。

単ニコル

クロスニコル

しかしミャンマーや新潟県のヒスイを分析してみると、そこには石英は含まれていない。ということは、曹長石が分解して石英と共にひすい輝石が形成される以外の成因がある事になる。

良質のヒスイが形成される場所には必ず「蛇紋岩」の存在があり、ヒスイはオフィオライト帯に沿って点在し、蛇紋岩メランジュ帯に異地性の団塊として含まれている。その蛇紋石は、橄欖岩(かんらんがん)から生まれたものである。

左は彎曲で歪んだヒスイの層。右は上下にずれた断層を示すヒスイ。

単ニコル

クロスニコル

　地球のマントル内部を構成している橄欖岩（Peridotite）は、地表から運び込まれた水に触れると、分解変質して蛇紋岩となる。そこにアプライト（半花崗岩）などのナトリウムに富んだ火成岩が貫入すると、新しい結晶帯が生じる過程でアルビタイト（曹長岩）が生じ、そこから分化する際に、周囲にある岩石の中からNaやKを取り込み、高い圧力の下でヒスイを形成したと考えられている。
　その際には、単なる荷重圧だけでなく、地質学的な運動に伴う高圧と局部的な圧縮力が加わっていたこともわかる。
　事実、ひすい輝石は造山運動に伴って形成されている。
　この変質は地殻とマントルの境界付近で生じる［広域変成作用］として知られ、形成された蛇紋岩はその後の地殻変動で地表に向けて運ばれるが、その際に受けた変成の大きさがわかるヒスイもある。

玄武岩から変成したと考えられるもの。

斑レイ岩から変成したと考えられるもの。

中には元の岩石が推定できる組織を見せる場合もある。斑レイ岩や玄武岩が変成したと考えられるものや、クロム鉄鉱層や緑色片岩が変化したと思われるものもある。

黒色のヒスイの中には石墨を含んでいるものがあり、その様なものでは黒色片岩から変化したと考えられる。

一方で、液相の中で結晶したと考えられるひすい輝石もある。地殻変動に伴い、熱水となった水に溶け込んでいた成分から結晶したものである。

単ニコル

クロスニコル

ヒスイの中に形成された空洞部に成長したひすい輝石の結晶。

解説

p.35 にでてくるオフィオライト（Ophiolite）帯とは、沈み込み帯や大陸塊が衝突した境界部において、海洋底の地殻や上部マントルなどが地表に露出したもので、そこからはマントルを構成している物質を直接採取することができる。

蛇紋岩メランジュ帯とは、蛇紋岩が、地球深部で形成された変成岩や地殻深部から中部にある岩石を大小のブロックとして包有している場所である。

単ニコル

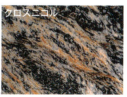
クロスニコル

対比として、高い圧力下で形成されたネフライトの構造写真も載せておく。ジェダイト同様圧力の影響を受けて生じていることがわかるが、ネフライトの方はジェダイトよりも高温低圧型である。

ひすい輝石の位置づけ

ヒスイは前述した様に集合構造をもっている宝石で、正式には『ジェディタイト Jadeitite（ひすい輝石岩）』という名前があるのだが、ではなぜそれがジェダイトという名前で呼ばれているのかというと、ものの名前のすべてがそうである様に、慣れ親しんだ名前は立場が強いのである。加えてジェディタイトという名前は発音上で噛み易く、一般には定着しなかったのも頷ける。

「ジェディタイト」は、最初は"ジェードの中のジェード"的なイメージをもって付けられたものであるが、それを鉱物学の視点で見ると、『ジェダイト Jadeite（ひすい輝石）』の集合体ということになる。

ジェダイトはソーダを含むアルカリ輝石で、パイロクシン Pyroxene（輝石）グループに属する鉱物群の中の1つである。

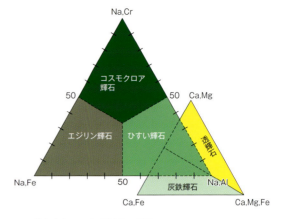

ソーダを含むアルカリ輝石の分類
（茅原一也 著 ヒスイの科学 （Ko）－（Ac）－（Jd）系の分類をアレンジして使用）

宝石として知られる『スポジュミン Spodumene（リチア輝石）』『ダイオプサイド Diopside（透輝石）』『エンスタタイト Enstatite（頑火輝石）』『ヘデンバージャイト Hedenbergite（灰鉄輝石）』も輝石の仲間である。

ひすい輝石の自形の結晶が肉眼で観察できる珍しい例。白色や緑色の柱状結晶が見える。結晶が成長しているベースの部分は肉眼では見えないほど微小なひすい輝石の集合から成っている。新潟県産

【資料】輝石の鉱物名、化学組成、結晶系の一覧

	和 名	鉱 物 名	カタカナ名	化学組成	結晶系
I：Mg-Fe 輝石	頑火輝石	Enstatite	エンスタタイト	$Mg_2[Si_2O_6]$	直方
	鉄珪輝石	Ferrosilite	フェロシライト	$Fe^{2+}_2[Si_2O_6]$	直方
	単斜頑火輝石	Clinoenstatite	単斜エンスタタイト	$Mg_2[Si_2O_6]$	単斜
	単斜鉄珪輝石	Clinoferrosilite	単斜フェロシライト	$(Fe^{2+},Mg)_2[Si_2O_6]$	単斜
	ピジョン輝石	Pigeonite	ピジョナイト	$(Mg,Fe^{2+},Ca)(Mg,Fe^{2+})[Si_2O_6]$	単斜
II：Mn-Mg 輝石	ドンピーコー輝石	Donpeacorite	ドンピーコライト	$(Mn^{2+},Mg)_2[Si_2O_6]$	直方
	加納輝石	Kanoite	カノーアイト	$MnMg[Si_2O_6]$	単斜
III：Ca 輝石	透輝石	Diopside	ダイオプサイド	$CaMg[Si_2O_6]$	単斜
	灰鉄輝石	Hedenbergite	ヘデンバージャイト	$CaFe^{2+}[Si_2O_6]$	単斜
	普通輝石	Augite	オージャイト	$(Ca,Na)(Mg,Fe^{2+},Al,Ti)[(Si,Al)_2O_6]$	単斜
	ヨハンセン輝石	Johannsenite	ヨハンセナイト	$CaMn[Si_2O_6]$	単斜
	ピートダン輝石	Petedunnite	ピートダンナイト	$CaZn[Si_2O_6]$	単斜
	エッシーン輝石	Esseneite	エッシーネアイト	$CaFe^{3+}[AlSiO_6]$	単斜
	デイビス輝石	Davisite	デイビサイト	$CaSc[AlSiO_6]$	単斜
	グロスマン輝石	Grossmanite	グロッスマナイト	$CaTi^{3+}[AlSiO_6]$	単斜
	久城輝石	Kushiroite	クシロアイト	$CaAl[AlSiO_6]$	単斜
IV：Ca-Na 輝石	オンファス輝石	Omphacite	オンファサイト	$NaCa(Mg,Fe)Al[Si_2O_6]_2$	単斜
	エジリン普通輝石	Aegirine-augite	エジリン・オージャイト	$(Ca,Na)(Mg,Fe^{2+},Fe^{3+})[Si_2O_6]$	単斜
V：Na 輝石	ひすい輝石	Jadeite	ジェイダイト	$NaAl[Si_2O_6]$	単斜
	エジリン輝石	Aegirine	エジリン	$NaFe^{3+}[Si_2O_6]$	単斜
	コスモクロア輝石	Kosmochlor	コスモクロア	$NaCr^{3+}[Si_2O_6]$	単斜
	ジャービス輝石	Jervisite	ジャービサイト	$NaSc^{3+}[Si_2O_6]$	単斜
	ナマンシル輝石	Namansilite	ナマンシライト	$NaMn^{3+}[Si_2O_6]$	単斜
	ナタリー輝石	Natalyite	ナタリーアイト	$Na(V^{3+},Cr^{3+})[Si_2O_6]$	単斜
VI：Li 輝石	リシア輝石	Spodumene	スポジュミン	$LiAl[Si_2O_6]$	単斜

日本結晶学会の決議により、現在用いられている Orthorhombic の日本語訳である「斜方晶系」が適切な訳語でないとの理由から、より適切であると思われる「直方晶系」という語に変更された。今後の書籍文献類の中では 斜方晶系 ⇒ 直方晶系となる。

ヒスイを
ひすい輝石から見る

　ヒスイは岩石である事から石の内容は一様ではない。したがって、それをひすい輝石（ジェダイト）と評価するには、その為の基準というものが必要となる。

　1個体のほとんど（90％以上）がジェダイトから成っている事が理想だが、『ジェダイト（ひすい輝石）NaAl $[Si_2O_6]$』は組成上で『エジリン Aegirine（錐輝石）NaFe^{3+}$[Si_2O_6]$』とほぼ連続しているので、一般式は Na(Al,Fe^{3+})$[Si_2O_6]$ ということになる。さらにジェダイトには固溶体が存在するので、他の輝石の成分が入ってくる事もある。

　ヒスイの色にもっとも大きく影響を与えるのは、『コスモクロア Kosmochlor（コスモクロア輝石）NaCr$[Si_2O_6]$』であるが、『オンファサイト Omphacite（オンファス輝石）NaCa(Mg,Fe^{3+})Al$[Si_2O_6]_2$』も最大限にその色に影響する。

　純粋なジェダイト（理想化学組成に近いもの）は色をもたないので無色（白色）だが、それから構成されるヒスイにはそれらの輝石の成分が混入する。コスモクロアのCrはヒスイの塊に鮮やかなグリーンの色を与え、オンファサイトのFe^{3+}の混入はヒスイにくすんだグリーンの色を与える。

鮮やかなグリーンの部分がコスモクロア輝石。黒緑色と灰緑色の斑状のアルビタイト（曹長岩）の中に脈状に形成されている。ミャンマー産

　したがってその固溶の成分が Al > Cr の場合にはその結晶をジェダイトと呼ぶが、Al < Cr となった場合にはコスモクロアと呼ぶ事になる。

　鉄分の固溶も考えなくてはならない。鉄分が20％以下ならジェダイト、20％以上になり80％以下の範囲であるならばオンファサイトと解釈する。

鉄分の影響で、やや青みがかって黒っぽいグリーンを見せる。さらに鉄分が多くなるとブラック・ジェダイトと呼ばれるものにまで変化する。ミャンマー産

　しかしその境界は化学分析を行わなくては正確に区分できないので、通常範囲の鑑別ではかなり濃緑色の不透明な石でない限りはジェダイトとしている。

　さらにCaもひすい輝石と固溶体を形成するから、その場合にはCaが20％以下ならジェダイト、20％以上になり80％以下の範囲であるならば『ダイオプサイド Diopside（透輝石）CaMg$[Si_2O_6]$』と考える。

　つまり、ヒスイは100％ジェダイトの集合だけから出来ているわけではないから、ジェダイト粒子の体積が100％に近いものほど良質なヒスイという事になる。しかし最近の研究で、ほとんどの品質のジェダイトにオンファサイトが大小の分量で混在していることが解ってきた。

　これが我々鑑別家が古くから行ってきた分光分析での「ジェード・ライン（437.5nm）」の検出である。

マーケットに流通する
ヒスイを分類する

ミャンマー産

マーケットに流通しているヒスイを、ひすい輝石の基準に則して鉱物学の視点で見てみると、ヒスイと判定できるものの他に［ヒスイの亜種］として解釈できるものから、［ヒスイの変種］として分類すべきもの、そして［ヒスイとは呼べないもの］という内容のものがあることがわかる。

ヒスイと判定できるもの

◉ **理想は1個体当たりが90％以上をひすい輝石が占めるものである。**

しかしひすい輝石の性質上、クロム分（オンファサイト成分）、鉄分（オンファサイト成分）、カルシウム分（ダイオプサイド成分）と混和しやすく、"ヒスイ"とは呼べないものも多く産出する（p.41を参照）。ヒスイと判定できるものはその範疇にあるものだが、それでもそれら混和してくる成分によって、ヒスイの色は大きく変化する。
特にグリーンのヒスイでは、コスモクロア輝石により翠緑色となったり、オンファス輝石により地味な緑色となる。

❶　　　　　❷　　　　　❸

　ヒスイのマーケットでは、その品質を分類して、❶**インペリアル Imperial**（左）、❷**コマーシャル Commercial**（中央）、❸**ユーティリティ Utility**（右）というランクに区分している。写真はグリーンのジェダイトだが、ラベンダー・カラーのものでも同様に評価される。
　各グレードの表記は、それぞれ ①**最高の**、②**商業的な**、③**実用的な**という意味がある。

ヒスイの亜種

◉鮮やかな濃緑色のヒスイ （屈折率：1.52～1.54　比重：2.46～3.15（最大で3.5前後））

コスモクロアのグリーンはクロム・イオンによる発色で、ペイントの様な質感のグリーンである。かつては『ユレイアイト（Ureyite）』と呼ばれた。

◉ くすんだ濃緑色のヒスイ （屈折率 1.68　比重：3.40～3.65）

主に『オンファサイト』の集合から成る。鉄イオンによる発色で、その存在量によって緑がかった黒色からまっ黒にまでなり、流通上では『ブラック・ジェダイト』と呼ばれているものにまでなる。

組成上では、『エジリン（錐輝石）』、『オージャイト（普通輝石）』が混和しているものもあり、その混和の程度によってはヒスイとは評価できず、『エジリン』『オージャイト』とする場合もある。この種のヒスイは、「クロロメラナイト Chloromelanite（濃緑玉）」と呼ばれていた時期もある。

知識➡クロロメラナイトという名前は一種の造語で、ギリシャ語の明るい緑色を意味する「クローロス Chloros」と黒色を意味する「メラース Melas」が語源となっている。

オンファス輝石。黒緑色に形成されたもので、この程度にまで黒っぽくなると『黒翡翠』と呼ばれることがある。

column 08

【緑の質感】
古来緑という色は、アニミズムの空間世界では汎用なものだったのだろう。
マラカイトのグリーン、ジャスパー、そしてヒスイのグリーン、さらに欧風のグリーンもある。トルマリンのグリーンというものもある。それらのすべてが緑への畏敬であって、それらの緑の世界に対峙した人々は、その色の内容にまで質感を順序づけてきたのである。
ヒスイという世界にあってもそれは変わることなく、ヒスイという素材に対して翡翠という名前で対峙してきたのである。ヒスイの変種もその様に見える石でさえも、何となく違うと感じつつも、翡翠というイメージで捉えたのである。

ヒスイの変種

● 不均質なヒスイ

　ジェダイトとコスモクロアが混在しているもので、一部にオンファサイトも存在する。岩石という視点で見てヒスイとして評価しても大きな問題はないが、宝石という視点でみると純粋なジェダイトの魅力はない。このタイプは、中国では"緑の石"という意味で『鉄緑林(ティロンジン)』と呼ばれているが、その外観から、日本では一時期『スポンジ・ヒスイ』と呼ばれた事がある。

ヒスイとは呼べないもの

ほとんどがジェダイトとは異なる鉱物種から成るもので、ヒスイと呼んではならないものだが、マーケットの一部ではジェダイトとして取引されている事がある。内容としては、ジェダイトがわずかに存在するものからほとんど含んでいないものがある。

● モー・シ・シ Maw-sit-sit

ミャンマーのジェード・マーケットで、フランスのE. グベリン博士により発見されたもので、1963年に『ジェード・アルバイト Jade albite』と命名された。

ミャンマー北部のトーモーで、ジェダイトの周縁部に形成されており、産地では地名からモー・シ・シと呼んでいた。しかし構成鉱物のほとんどがジェダイトと異なる種類から成ることから、ヒスイの関係者は「スード・ジェダイト Pseudo-jadeite（偽物のジェダイト）」と呼んでいる。

主にクロムを含むアルバイト（曹長石）から成り、「ホワイト・アルバイト」、「クローライト（クリノクロア）」、「コスモクロア」、「エッケルマナイト Eckermannite（エカーマン石）$NaNa_2Mg_4Al[OH|Si_4O_{11}]_2$」から構成されて、ジェダイトはほんの数パーセントしか含まれていない為ヒスイと呼んではならないものである。

ペイントの様な黄色がかったグリーンの生地に、鮮緑色・暗灰色・黒色・白色と多彩な集合を見せる。

話が複雑になるが、この石はかつて日本とドイツで誤ってクロロメラナイトと混同して呼ばれた経緯をもつが、未だにその名称で販売されている事がある。

● 『ブラック・ジェード』と呼ばれているもの

ブラック・ジェードと呼ばれているものの中に、オンファサイトから成るブラック・ジェードや、炭素鉱物を含んで黒色に見えるヒスイとは違うものがある。外観からは完全に黒く見えるが、生地中にグリーンの斑点が散在し、黒色部を強い光の下で観察すると、濃い緑色と黒色の混在したものである事がわかる。

ヒスイと呼んではならないもので、「コスモクロア」と「エッケルマナイト」と「エデナイト Edenite（エデン閃石）$NaCa_2Mg_5[(OH)_2|AlSi_7O_{22}]$」が様々な比率で混在する。この種の石の中には、火成岩から変成して出来たものもある。

ヒスイの産出状態

　ヒスイは山1つという様な大岩塊で形成されても、その後の地殻変動で分断されて大小のヒスイ礫となり、次第に地表に向かって移動していく。その過程で露出ヒスイの礫を含んでいる蛇紋岩は地表からの水を含んで膨張してヒスイの礫を押し上げ、地表に露出した礫は山をころげ落ち、泥の中に埋もれたり川に流されて、ヒスイはやがて人に発見されることになる。本項では、ヒスイの産地として有名なミャンマーと新潟県に限定して取り上げてある。

🇲🇲 ミャンマーのヒスイ

　ミャンマーでは、カチン州の北部のチンドウィン川からイラワジ川の分水嶺を成す丘陵地帯に良質のヒスイを産出する場所が数ヵ所ある。最も良質な石を産する事で有名なのは、①トーモー（Taw Maw）、②ミェンモー（Mien Maw）、③パンモー（Pang Maw）、④ナムシャモー（Namsh Maw）の4ヵ所で、最大の岩脈がトーモーにある。
（注）Mawはヒスイの産地を意味する言葉である。

　橄欖岩及び蛇紋岩の中にひすい輝石岩とアルバイト岩（曹長石岩）の鉱床があり、それらは地層に垂直に貫入した形状（dyke ダイク）または地層に水平に貫入した形状（sill シル）を成している。

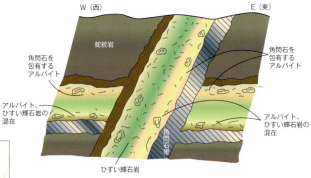

トーモーのアルバイト―ひすい輝石岩の"岩脈"の断面図（Bleeck,1907）をアレンジして使用

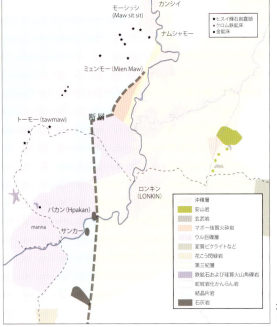

北ビルマ・カチン高原地質図
（Chhibber,1934）茅原一也 著【ヒスイの科学】を参考に選定

外側を泥中から染み込んだ鉄分の色が覆っている。礫の内部には、鮮やかな翠緑色のヒスイと黒っぽい蛇紋石が混在している。

　トーモー（海抜826m）は、19世紀後半（1880年）になって発見された最大のヒスイ産地である。チャンワー、マモン、バビン、サンカー、パカン、ロンキン、カンシイと、それから奥地に続く川の沿岸や支流に分布している新生代第三紀の地層の中には山頂からころげ落ちたヒスイの岩塊が含まれている。地層が侵食により削られると岩塊はそこから川に落ちて、流されたものが川底に点々と見つかる。中国人の華僑が見つけ出したのはこの様な場所で、以来古くからヒスイの採掘が盛んに行われてきた。

　ミャンマーのヒスイの原石は特徴的な外観を見せる。蛇紋岩が風化して生じた鉄分の多い土壌の中から採掘されるものでは、表面を様々な厚みの錆色の層が覆っている。川の中から採掘されるものには錆色の層は形成されていないが、どちらかというとこちらの方が内部の品質が高い様である。

　ヒスイを探す人は泥水の中を裸足で歩き、足裏の感覚で原石を発見する。採集された原石は、カチン族や華僑の人が担いでジャングルを踏破して、モガウンに集められ、そこからはロバの背で雲南の峡谷を運ばれる。あまりの道の悪さと険しさで谷底に落ちて命を失くす人が多かったといわれる。

　19世紀の中ごろになるとマンダレーに大きな集積地が作られて、危険はかなり少なくなり、ここからは海路で中国の広東まで運ばれる様になった。

青海川の中流から引き上げられたヒスイの転石。露出した部分から、内部はかなり透明度の高いジェダイトであることがわかる。

🇯🇵 日本のヒスイ

　日本は、国土が狭い割には意外にヒスイの産地が多い。10 カ所ほどの場所が見つかっているが、ひすい輝石を交えた岩石状のものが多く、宝石としてのレベルにない。しかし新潟県は別格で、小滝川上流の明星山にその原産地がある。

　蛇紋岩の中で生まれたヒスイは、風化した蛇紋岩に押し上げられて地表に顔を出し、崖を転がり落ちて川や土中に埋もれた。その場所が 1939 年（昭和 14 年）に学術調査で発見され、1959 年に天然記念物に指定された。

　青海川上流の橋立でも 1955 年に学術調査で発見され、1956 年に天然記念物に指定されている。

　日本のヒスイは、ミャンマーのものと比べると混じり気が多く低品質だとよく言われる。しかしそれはまったくの誤まりで、産出量こそ少ないものの、出雲大社に収蔵されている重要文化財の勾玉などでわかる様に、ミャンマーのものに勝るとも劣らない。

　小滝のヒスイはミャンマーのものとは異質の美しさがあるが、青海のヒスイにはミャンマーのものとよく似たものがある。

　青海川の西方に金山谷（かなやまだに）という地域があり、この辺りに分布しているひすい輝石岩は他の場所のひすい輝石岩とは色彩を異にしている。そのさらに西方に白鳥山（しらとりやま）という場所がある。ここのヒスイは特に異質で、かつて青海の橋立に住んでいた武藤惺（さとし）（当時 34 才）という人物が執念で探し回って発見し、1962 年（昭和 37 年）に世に出したが、当初は宝石の専門家や学者がビルマ産ではないかと疑ったほどのものであった。ここのヒスイは緻密でかなり透明度が高い。

当時、武藤氏が採取して世に出したヒスイ。

新潟県から富山県の海岸にかけてヒスイの転石が採取されている。明星山の崖下に落下したヒスイの岩塊が遥かな時間をかけて川を下り、やがては海に流れ、波によって海岸に打ち上げられる。俗にヒスイ海岸と呼ばれているが、特有の波の荒さがヒスイを磨き上げ、その肌の美しさはビルマのヒスイとは異質で比ぶべくもない。日本のヒスイにはスキンが形成されていない為に、水流によって研磨された表面には独特の模様が見られる。p.50の三角形のヒスイの表面の様に、ヒスイの表面は陽光を反射してキラキラと輝く。

新潟の原石が、ミャンマーの原石と最大に異なっている点は、厚いスキンに覆われていない事。縄文人はさぞかし拾い易かった事だろう。それでも薄いスキンらしいものが見られる原石もある。

左は親不知海岸で採取したヒスイ
右はラベンダー海岸で採取したヒスイ

明星山下の崩落地のひとつで探石。
大小の岩塊、石で足が痛い！

姫川の下流。河口近くで探石。ここまでくると岩塊もかなり小さくなって歩きやすい。

広大に続く海岸、波が静かな時には普段着でも探石できる。はたしてヒスイは見つかるか…

写真はラベンダー海岸で撮影。ヒスイが発見される様を再現した。さぁ、どれがヒスイかわかりますか…

姫川の中流で引き上げられたヒスイの転石。

● 知っておくべき事

海岸や川の中で石を拾うことは認められているが、天然記念物の指定地で石を拾う事は禁止されていて、法律に触れる事になる。川岸の土地や山に入って採集する事もしてはならない。山には持ち主（地主）がいるので、盗掘になります。

ミャンマーと新潟県以外のヒスイの産地

　過去から現在まで、ミャンマーは宝石品質のヒスイ（ジェダイト）を大量に産出する唯一の産地であるが、日本の新潟県もそれに次ぐ宝石ヒスイの産地として知られている。ヒスイはそのでき方からわかる様に、他の宝石種と比べて産地は少ないが、それでもいくつかの場所があって、中には宝飾品として使える品質のものが採掘される事もある。

▶海外のヒスイ

ロシア	ウラル・ヒスイ	ソビエト連邦・極ウラル地方（紀元前2000年頃に発見）サヤン地方（1992年に発見）
	カザフスタン・ヒスイ	カザフスタン プリバルハーシュ地域（1970年初めに発見）
	サヤン・ヒスイ	東部シベリアの西サヤン地域（1963年に発見）
アメリカ	カリフォルニア・ヒスイ	カリフォルニア州サンベニト郡南西部のニューイドリア地域で発見（1939年）
南米	グアテマラ・ヒスイ	メキシコやグアテマラを始めとする中央アメリカに栄えたオルメカ、マヤ、アステカの古代メソアメリカン文明で使われたヒスイで幻の産地であったが、1955年になって産出場所が発見された。
ヨーロッパ（※1）	スイス・ヒスイ	モーリゲンスティンベルグ、ニューエンブルガー、ビィエラー
	オーストリア・ヒスイ	モンド湖
	フランス・ヒスイ	ビソ山地、ピーモント、ジュネーブ湖
	イタリア・ヒスイ	スーサ
トルコ	トルコ・ヒスイ	ブルサ・オハンガリ

※1）アルプス山脈中で形成されたヒスイで、上記の4つの産地が知られている。（1898年以後に発見）
●表中にある、アメリカ／ヨーロッパ／トルコ のヒスイは、ひすい輝石と他種鉱物の集合体の形をとっているものが多い。

▶日本のヒスイ

若桜ヒスイ	鳥取県 若桜町角谷・1965年に発見　ラベンダー・ヒスイが知られる。
大屋ヒスイ	兵庫県 養父市大屋町加保坂付近・1970年に発見
大佐山ヒスイ	岡山県 大佐町大佐山・1984年に発見
長崎ヒスイ	長崎県長崎市 琴海と三重町・1978年に発見
白馬ヒスイ	長野県 小谷村栂池・最初の発見年は不明
引佐ヒスイ	静岡県 引佐郡引佐町・最初の発見年は不明
高知ヒスイ	高知県 高知市円行寺・最初の発見年は不明

その他、岩石中に含まれる顕微鏡的サイズのものとして下記の産地が挙げられる。

北海道ヒスイ	旭川市雨粉の沢、深川市納内町、芦別市中の沢
秩父ヒスイ	埼玉県の寄居町西ノ入
群馬ヒスイ	群馬県下仁田町茂垣
静岡ヒスイ	静岡県引佐町西黒田
熊本ヒスイ	熊本県八代市泉町

Ⅲ：ヒスイの宝石学

ヒスイの見方

右はヒスイ（ジェダイト）、左はネフライトを比較したもの。ネフライトには、その組織に起因したネットリとした油脂光沢がある。対してヒスイの方は玻璃（ガラス）光沢である。

▶質感を見る

同じ"玉質"であっても、ネフライトとの質感の違いは、双方を構成している構造（結晶の状態）によって生じる。

基本的にジェダイトは等粒状の偏ったモザイク状の組織で、ネフライトの方は繊維結晶の織交状の集合組織である。その違いが双方の質感の差となって表れてくるわけで、それが双方の光沢の違いともなっている。

等粒状のモザイク構造を見せるヒスイ

ジェダイトの中には、かなり稀だが結晶が一方向に揃っている場合があり、その様なものではキャッツアイ効果を見せる珍種が出現する。

ジェダイトの構造写真

ネフライトの構造写真

▶色を見る

俗に"ヒスイの7色"と言う表現があるが、それはじつは元来がネフライトに対して表現されていたものである。

対して、ジェダイトの方はその文字からすると赤（緋色）と緑（翠色）の色となるが、実際には11にも及ぶカラー・バリエーション（緑色／赤色／黄色／橙色／褐色／紫色／青色／黒色／灰色／白色／桃色）を見せる。

さらにはそれらの濃淡の色、中間の色、小さな面積の範囲で2つ以上の色が混じったものまであるから、実際にはその倍以上の色があることになる。これは到底ネフライトの比ではなく、不透明の宝石の中に於ける1つの世界を構成しているといえる。

1つの塊の中に複数の色が存在するもの。緑色の他、紫色、青色、ピンク色とかなりバラエティに富んでいる。色の原因から考えると、このヒスイの礫はかなり特殊な形成のされ方をしていることがわかる。周囲は黄色い皮に覆われている。

ヒスイの色を分類する

下の写真は、様々な色の部位が集合したヒスイの宝飾品だが、その多彩な色も、内容を分析すると大きく3通りのものに分類する事ができる。

ヒスイの原石の異なる色の部位を利用して、模様の一部として彫り上げたもの。

❶ ヒスイを形成しているひすい輝石の結晶が色をもっていない場合

結晶が純粋で不純物元素を含んでいない場合には、色をもたない。

結晶の粒子が大きくそのサイズが不揃いの場合には透明度が消失し、極端な場合にはまっ白になる。反対に結晶の粒子が小さく、ほぼ等しいサイズで形成されている場合には透明度が高くなり、『アイス・ジェード Ice jade』と俗称されているものにまでなる。

ヒスイを鉱物学の見地から見ると白いヒスイはもっとも珍しいものであるが、宝石としてはその価値が認められていない。これは宝石という商品がもつ宿命で、珍しいものすべてが高価に評されるとは限らないのである。

このヒスイは、発色の原因となる不純物元素（イオン）をもっていない。左の白色の石と右の半透明の色の違いが生まれるのは、ヒスイを構成しているひすい輝石の結晶粒のサイズが異なり、その密集度が違う為である。

❷ ヒスイを形成しているひすい輝石の結晶が色をもっている場合

　ヒスイを構成する結晶体が不純物元素を含んでいる場合には、その成分によって様々な色を形成する。
　本質的な色という事で、これらはひすい輝石自体の結晶構造中に取り込まれている遷移金属元素が原因となっていて、次の色が知られている。

この標本では、白色の緻密なヒスイの中に紫色のひすい輝石の自形結晶（四角に見える部分）が点在して見られる。ミャンマー産

❷ヒスイを形成しているひすい輝石の結晶が色をもっている場合

▶緑色系のヒスイ

　"翠色"と例えられる鮮やかな緑の色は、結晶に含まれる「クロム（Cr^{3+}）」の影響で、その量が増すほど鮮緑色から濃緑色にまでなる。その原因は混和しているコスモクロア輝石の成分で、最高峰は俗に"プレシャス・グリーン"と呼ばれる。

　「鉄（Fe^{2+}）」の存在もヒスイに緑色をもたらす。その場合はくすんだ緑色となり、俗に"コモン・グリーン"と呼ばれる。その原因は混和しているオンファス輝石の成分であるが、極端な場合は黒色に見えるまでになる。

ミャンマー産

▶紫色系のヒスイ

　紫色系は「チタン（Ti^{3+}）」が、ヒスイに紫の色をもたらす。特に新潟県のラベンダー・ヒスイでは、美しい藤色を見せる。

　しかしミャンマー産のラベンダー・ヒスイには鉄が検出されるもののチタンはほとんど検出されない。Fe^{3+}がその原因になっていると考えられるが、双方の違いにはまだまだ不明な部分も多い。

新潟県産

ミャンマー産

▶青色系のヒスイ

「鉄（Fe^{2+}）」と「チタン（Ti^{4+}）」はヒスイに青色をもたらす。明るいブルーからくすんだブルーまでが知られるが、チタンが多い場合は紫色がかったブルーとなる。

ヒスイのブルーはサファイアのブルーと共通している。写真のヒスイの板は土地（糸魚川）では「コバルト・ヒスイ」と俗称されているが、コバルトはまったく検出されない。どうやらイメージで呼ばれたようだ。

ミャンマー産

新潟県産

▶ピンク色系のヒスイ

「鉄（Fe^{3+}）」が影響していると考えられる赤紫色からピンク色のヒスイもある。

かなり淡い色だが、これらの色の違いはヒスイの母体がジェダイトに寄っているかオンファサイトに寄っているかでも異なり、まだまだ不明なことが多い。

ミャンマー産

❸ ヒスイを形成しているひすい輝石の結晶どうしの間に
入り込んだ鉱物粒子によって色が付いて見えている場合

▶赤・黄・橙・茶色のヒスイ

赤・黄・橙・茶色の石はミャンマーの川石に特徴的に見られる。いわゆるスキン（原石表皮）の部分の色で、見せかけの色という事である。

ヒスイの礫が鉄分の多い土壌中に埋もれている間に、表面から礫を構成している結晶の間に鉄分が染み込んで沈殿したもので、（ゲーサイトに相当する）水酸化鉄や、（ヘマタイトに相当する）酸化鉄の状態になっている。

新潟県のヒスイにそれらの色がほとんど見られないのは、礫が埋没した場所に鉄分がなかったからである。

このネックレスに使われているビーズは、原石の表皮の部分をカットしたもので、いわゆる"スキン・ジェード"と呼ばれるものである。

ヒスイが埋没した土壌中で、礫の周辺から鉄分が染み込んでいったことがわかる。礫石の内部で酸素の状態が変化して、鉄分が色変化したことを物語る。右の石では、内部で酸化状態が生じ、鉄分がヘマタイト状態の酸化鉄になっている。ミャンマー産

ミャンマー産

▶灰色〜黒色のヒスイ

灰色から黒色は、ヒスイが形成されている間に発生したグラファイトの存在で、ヒスイの元となった原岩由来の成分である。

▶黒みがかった緑色のヒスイ

部分的に蛇紋石が存在することがあり、その場合はくすんだ緑色のヒスイを形成する。

新潟県産

▶くすんだ青色のヒスイ

ヒスイの形成時に生じた角閃石が明るい青色やくすんだ青色をもたらす。
存在が多くなるとヒスイはくすんで黒味がかった青い色となったり、やや緑がかる事もある。

ミャンマー産

ヒスイに伴う鉱物

　ヒスイは集合体というだけでなく、その形成のされ方が原因となって多くの鉱物を伴って産出する。

　ここでは実際に鑑別に持ち込まれた石の中から、当研究所で分析できたものだけを取り上げてあるが、実際にはさらに多くの鉱物を伴っている。それらの中には、その鉱物の存在を調べることで、他の類似石と確実に区別できる重要なものもある。

▶『ストロンチウム斜方ホアキン石（奴奈川石 ぬながわせき）Strontio-orthojoaquinite』

$Sr_2Ba_2(Na,Fe^{2+})_2Ti_2Si_8O_{24}(O,OH)・H_2O$

1971年に、新潟大学の茅原一也博士と小松正幸博士により、青海川支流の金山谷の調査の際に「青海石」と同時に発見されたもの。希土類元素を含む非常に複雑な組成の為、論文の発表は青海石よりも1年遅い1974年になった。曹長岩中に産する。

▶ 『青海石 Ohmilite』

$Sr_3(Ti,Fe^{3+})[(O,OH)_2|Si_4O_{12}]\cdot 2\sim 3H_2O$

奴奈川石と共に発見されたもので、苦土リーベック閃石曹長岩中に点在している。

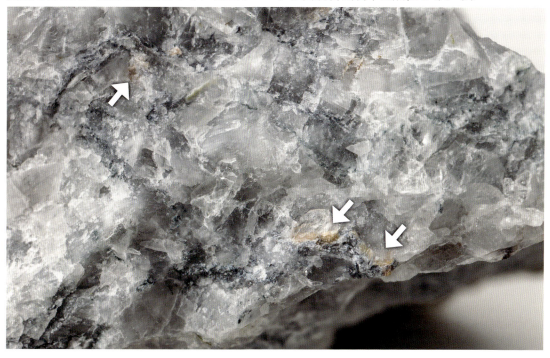

▶ 『糸魚川石 Itoigawaite』

$SrAl_2[(OH)_2|Si_2O_7]\cdot H_2O$

変成流体液中からひすい輝石が生成される最後にソーダ沸石と共に晶出した青色の鉱物で、ひすい輝石岩を切る脈の中に産する。
1994年に伊藤加奈子博士が持ち込んだ青色の鉱物を、フォッサマグナミュージアムの宮島宏、国立科学博物館の松原聰・宮脇律郎博士が研究して発表した。当初、小滝川産とされていたが、後に青海町の親不知海岸産である事が確認された。

▶『蓮華石 Rengeite』

$Sr_4ZrTi_4[O_4|Si_2O_7]_2$

糸魚川市姫川産。Zr のすべてが Ti に置き換わった松原石とは、外見上で区別がつけられない。

▶『ジルコン Zircon』

$Zr[SiO_4]$

花崗岩などの岩石中に広く含まれることで知られる鉱物であるが、ヒスイに伴って形成されることもある。紫外線で黄色に発光するので識別は難しくないが、ジルコンの存在はヒスイにとって重要な情報をもたらしてくれる。U-Pb 法で放射年代を測定して、ヒスイの形成年代を知ることができる。それにより、新潟県のヒスイは 5 億 2000 万年前に、ミャンマーのヒスイは 1 億数千万年前に形成されたことがわかっている。

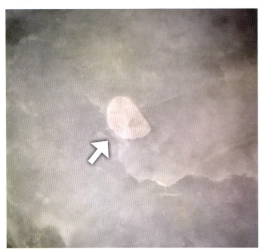

▶『自然銅 Native Copper』

Cu

この鉱物の存在は、ヒスイが還元環境で形成されたことと、熱水起源であることを物語る。

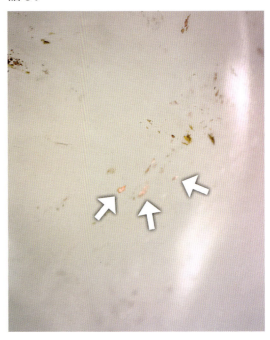

▶『ペクトライト Pectolite』

$NaCa_2[Si_3O_8OH]$

繊維状を成して、ひすい輝石岩やアルビタイト中に伴われる。

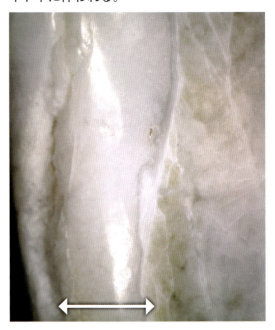

▶『石墨 Graphite』

C

石墨の存在もヒスイが還元環境で形成されたことを物語る。プレーナイト（葡萄石）を伴っていることが多い。

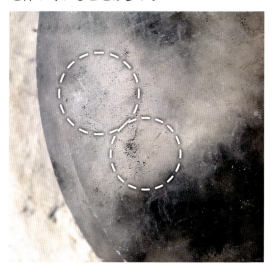

▶『コランダム Corundum』

Al$_2$O$_3$

蛇紋岩メランジュ帯での変成によって生じたもの。新潟県親不知海岸産。

▶『角閃石 Amphibole』

($\square$,Na)(Ca,Na)$_2$(Mg,Fe^{2+},Al,Fe^{3+})$_5$[(OH)$_2$|AlSi$_7$O$_{22}$]

組成式は普通角閃石のもの。標本はナトリウムに富む角閃石。

▶『緑閃石 Actinolite』

Ca$_2$(Mg,Fe^{2+})$_5$[OH|Si$_4$O$_{11}$]$_2$

ひすい輝石岩と蛇紋岩の間に例外なく存在する鉱物。ひすい輝石岩の外縁部では、この鉱物とひすい輝石が混在する。

※これらの他、ヒスイに伴う鉱物には次のものがある。

『リューコスフェナイト Leucosphenite（リュウコスフェン石）』『ベニトアイト Benitoite（ベニト石）』
『ゾノトライト Xonotlite（ゾノトラ石）』『フロゴパイト Phlogopite（金雲母）』
『ダイオプサイド Diopside（透輝石）』『アナルサイム Analcime（方沸石）』『パラゴナイト Paragonite（曹達雲母）』
『グロッシュラー Grossularite（灰礬柘榴石）』
『ハイドログロッシュラー・ガーネット Hydrogrossularite（加水灰礬柘榴石）』
『ゾイサイト Zoisite（灰簾石）』『クリノゾイサイト Clinozoisite（斜灰簾石）』『クローライト Chlorite（緑泥石）』
『エピドート Epidote（緑簾石）』『アメサイト Amesite（アメス石）』『アンチゴライト Antigorite（葉蛇紋石）』

新たな鑑賞法

● 原石を鑑賞する

　ヒスイの楽しみ方には、原石の切断面に現れる模様を鑑賞する方法もある。

　宝飾用に使う石は原石から特定の部位を切り取って磨き上げるが、マーケットにはこの様な状態の原石が流通する事がある。通常の宝飾用途のカット石と違い、ジェム・グレードの評価の対象にはならないが、世界に2つとない魅力で、1点だけの価値がある。

　写真は3点共にミャンマー産のヒスイ礫（ボールダー）の断面を示す。

ジュラ紀の世界が見える。大地では火山活動が活発となり、
遠くから翼竜が飛んでくるかの様な錯覚におちいる。

シベリアの大森林を思わせる。濃霧の中の森が見え、厳寒の温度が伝わってくる。

このクラスの原石から宝飾用途でカット石が作られることはまずない。かなり粗質なヒスイで、染み込んだ鉄分が内部にまで浸透している。切断面をじっと見ていると、観察者によって様々な模様が見えてくる。筆者には、露岩上の右に洞穴から覗く2匹の動物の顔が見える

Ⅳ：ヒスイの加工

原石の選出と加工

　ミャンマーの原石の多くは表層部が変質した鉄分の多い皮肌（スキン）で覆われている為に、そのままでは内部の状態がわからない。皮肌が薄い場合や経験で中の状態が推測できる場合などには、表皮を直接削り落として内部を露出させ、石質のチェックが行われている。

　原石の皮肌がかなり厚い場合には、その一部に浅い溝を彫り付けて、そこから内部の色を判断して取引している。その部分を「ウィンドー Window」と呼び、それを加工する作業を「モーイング mawing」というが、いわゆる"窓開け加工"である。中にはその部分を着色して良質のヒスイの原石に見せかけたものもある様だ。

　緑の部位が、どの程度まで内部に広がっているのか、その部分にキズがあるのかをチェックするのも重要な作業である。石の表面に鉄板を立てて、背後から当てた光を調節して内部に透過させて品質を調べている。

左上の写真では、一度切断したものを合わせて撮影してある。下の写真では、切断した面を示す。一番色の良い部分を切り分けてしまっているのがわかる。

次に、選んだ原石礫を切断して加工していくわけだが、むやみに切断すると良質の部分を2つに切り分けてしまいかねない。そこで周りから何回にも分けて、原石を少しずつ切断していくという方法がとられている。

良質の部位が出るまで、原石（ヒスイ礫）の四方から1～2cmの厚さで切断していく。

左右・上下の端から板状に切断していくが、この時の厚みは基本的にはカボション・カットがとれるサイズである。

結果として切り出された板石が多くできてしまう。そこから指環石やビーズが作られ、その板を割り貫いてブレスレットが作られている。この加工法があるから、マーケットにはヒスイのネックレスやブレスレットが多く流通しているのである。

column 09

　中国を始めシンガポールなどの人々は、"ヒスイを身に着けていると幸せが舞い込んできて、自分をあらゆる災いから守ってくれる"という。彼らは、行いを正しくすればするほど石は透明感を増してヒスイの色が美しくなると信じている。
　そんなバカなと一笑に伏す人は多いだろう。しかし、この話あながち眉唾でもない。幸せを呼び災いから守ってくれるとは筆者は思わないが、多くのヒスイが長年使用している内に次第に透明感が増してくるのは事実である。ヒスイを構成する組織の間に自身の体の油分が染み込んで、長い間に次第に透明感がアップし、それにより色が濃くなって感じる。じつはこれがヒスイに行われているワックス加工の原理なのである。

ヒスイに行われる処理

　宝石には、それをより高価なものへと見せかける人為的な処理が行われることがある。当然のことヒスイにもそれは行われ、大きく含浸と着色という方法が古くから行われてきた。鑑別の現場ではそれらを正確にチェックするが、技法と内容から分類してみると、多くのものがあることがわかる。

　カット・磨きが終わったヒスイは、洗浄して、研磨の際に使用した油分や石に染み込んでいる汚れを取り除く目的で、酸性の液に漬けて、それらの不純物を分解する。かつてはプラムなどの果実の酸を使って漂白を行っていたが、現在は化学酸を使って行っている。

❶ 含浸処理（ペネトレーション）…含浸に使用される物質には「ワックス」と「樹脂」がある。

①-1：ワックス含浸処理

　漂白が完了して汚れが除去できると、脱酸、中和の工程を行い、次にワックス（蝋）液の中に漬けて仕上げが行われる。

　ワックスの含浸は中国では研磨後に広く行なわれている加工法で、この行為により内部の微細な亀裂は見えにくくなり、効果として色むらが目立たなくなる。その加工法は、ネフライトから続く技法ではあるが、最近ではこの処理を行わず一般に"ノン・ワックス"と呼んで流通している商品がある。しかしどの様な石でもワックスを浸透させる事で必ず色艶は向上する。

　通常は無色のワックスを使用するが、中には淡いグリーンなど、有色のワックスが使われている場合もある。その場合は、着色処理石としての扱いとなる。

①-2：樹脂含浸処理

　合成樹脂液を含浸透して行う処理であり、その為の仕立てとしての前処理が行われ、酸性の強い化学薬品を使って、酸に溶ける鉱物を溶解して、樹脂の浸透場所を広げて、加圧下で注入するというものである。

　樹脂による接着効果も得られるので、亀裂の多い原石にも適応できる処理法で、その応用として有色の樹脂を注入したり、染料で着色した後に無色の樹脂を注入した製品もあるが、着色処理石としての扱いとなる。

column 10

ヒスイ業界の中で使われている処理石に対する特殊な呼び方がある。
いわゆる隠語符丁の類で、合成樹脂による含浸処理石が作られる様になった頃から中国で使われてきたが、日本でもその符丁を使うようになっている。

- ［Ａジェード］⇒ワックス含浸処理ヒスイをいい、Ａ級・Ａ坑ともいう。
- ［Ｂジェード］⇒樹脂含浸処理ヒスイをいい、Ｂ級・Ｂ坑ともいう。
- ［Ｃジェード］⇒着色処理ヒスイをいい、Ｃ級・Ｃ坑ともいう。
  という内容であるが、最近ではＡＣジェード、ＢＣジェードというものもあり、前者は有色のワックス、後者は有色の合成樹脂を含浸した処理ヒスイをいう様になった。

❷ 着色処理（ダイド／ステインド）

　染料を使って着色する方法で、グリーンやラベンダー・カラーの他、赤色や黄色に着色することもある。

　下の写真は処理石の表面を顕微鏡で拡大して撮影したもので、結晶の組織の間に染料が沈着している状態がわかる。

　1つの石を複数の色に分けて染めているものもある。

　ほとんどの場合は白色のヒスイに着色処理が行なわれるが、中には色ムラのある石を使い、着色する事で色ムラを隠蔽したり、淡色のヒスイの色上げを行うこともある。

❸ 脱色処理（ブリーチング）

　ミャンマー産のヒスイ礫の、鉄分の多い褐色系統の表皮を研磨したものに時に行われることがある処理法で、本来がヒスイの磨きの後で行われるシミの除去の拡大版である。化学酸を使って白色にまで漂白される事があり、この種の処理石では、その後で着色処理や樹脂液による含浸処理が行われている。

69

● その他の処理方法

❹ ペインティング（塗装処理）

　ヒスイの表面に染料や塗料を塗り付けて本来の色を変えてみせる方法で、素材には白色から色の劣る石が選ばれる。

左：塗装処理石
右：塗装被膜を除去したもの

❺ コーティング（被膜処理）

　カットした石の表面を樹脂の被膜で覆って光沢を補強する処理法で、彫刻品の仕上げに行われることがある。

左：コーティング処理石
右：通常のカット石
左の表面はテラテラとした樹脂光沢を見せる。

❻ 加熱処理（ヒーティング）

　ミャンマー産のヒスイ礫の、淡色の表皮の研磨石に時に行われることがある。褐色の強い表皮石に行われるもので、赤色に変化する。組織間に沈着している水酸化鉄（ゲーサイト成分）が、酸化鉄（ヘマタイト成分）に変化する結果のものである。

左：本来の色
右：加熱処理されて赤味が増している

❼ アセンブルド（張り合わせ）

右上はヒスイのキャップを外したもの。
右下は、内部の緑色材が退色したもの。

　ヒスイの色を向上させる目的で行われるもので、薄くスライスしたヒスイ材を緑や紫色のガラスに接着したものと、ヒスイ材を刳り貫き（ホロー・カボション）、その内部を着色したり、有色樹脂材を充填して緑や紫色のヒスイに仕立てるものがある。

翠緑色のヒスイに見える。コスモクロア分を含む濃緑色のヒスイを薄く切り出した切片をグリーンのガラスの上に貼り付けたもの。左は側面。（下がグリーンのガラス。その上に薄く切り出したヒスイの薄片を接着している。これはかなり安価な処理石で、この様なものがヒスイの人気に便乗して多く作られてきた。）いわゆる"増量"である。ヒスイはそれだけ商品価値があったということである。

矢印部より上がヒスイを刳り貫いたキャップ。矢印より下にキャップに充填した緑色の樹脂材が見えている。

> **column 11**
>
> 【ジェダイトの合成】
> 1953年に、アメリカのノートン社のL.コーズが、初めてひすい輝石の結晶を合成する事に成功した。1979年になり、アメリカのゼネラル・エレクトリック（GE）社のデブリスとフレイシャーが、ダイアモンドの合成装置を使って高温高圧法によりヒスイの塊状体を合成した。

Ⅴ：ヒスイの鑑別

通常の鑑別では、測定したヒスイのデータを下のヒスイの既知データと比較する事で行っている。

- ヒスイの一般化学式　$Na(Al,Fe^{3+})[Si_2O_6]$
- 硬　度：モース硬度で 6.5 ～ 7
- 屈折率：1.64 ～ 1.66（平均値 1.65）
  結晶粒での測定値：α 1.640　β 1.645　γ 1.652
  ※この数値は、ヒスイを構成しているひすい輝石の結晶を、特殊な方法で光学測定したもので、通常の鑑別法では測定できない。
- 比　重：3.25 ～ 3.36（平均値 3.34）

▶通常範囲での検査

[顕微鏡検査]

ヒスイのもつ構造を、鑑別の世界では「偏モザイク状組織」と呼ぶ。（→p.35 ヒスイの組織のプレパラート（剥片）写真参照）モザイク状に集合している個々の結晶が均等ではなく、偏っているところからこの名がある。

ジェダイト粒子の集合の状態から、ヒスイの切断面や研磨面には「笑窪模様」と呼ぶ独特の模様が生じる。

下の写真は、ヒスイの表面を顕微鏡で15倍に拡大して観察したもので、研磨面が不定形に凹んでいるのがわかる。プレパラートの写真からわかる様に、変成下の成長で複数の結晶がランダムな方向に伸びているので、研磨によって結晶の比較的に軟らかい面が凹んでしまう事に起因している。

[蛍光検査]

鑑別の現場では、波長365nm（長波）と253.6nm（短波）の紫外線を照射して検査を行う。

純粋なヒスイは蛍光を発しないが、類縁鉱物や別種の鉱物が混ざっている様な個体では、黄緑色やピンク色、ときに紫色の蛍光を発する。

さらに、ワックスや樹脂液を含浸して処理しているヒスイは、長波紫外線の照射で強弱の青色蛍光を発する。

左：通常照明で撮影。
右：紫外線を照射して撮影。白っぽく光る部分（矢印部）は長石が混在している。

上段：通常照明で撮影。左は含浸加工なし。中央はワックス含浸加工石。右は合成樹脂含浸加工石。

下段：紫外線を照射して撮影。含浸加工を加えていないものは発光しないが、ワックスを使用した含浸、合成樹脂を使用した含浸では発光は次第に強くなる。

▶分光光度計による分析

[機器分析]
鑑別の現場では、主に2つのタイプの分析機器を使用して解析を行っている。

【①紫外-可視分光光度計による分析】

　1940年代に製品化された分析装置のひとつで、最近のものはキセノン・フラッシュランプを光源としている。一般的な機種の波長域では、380－780nmの可視領域と、200－380nmの紫外領域が測定可能である。固体の試料では、透過スペクトルや反射スペクトルを測定し、液体にした試料では定量分析や光の波長ごとの吸光度をプロットした吸収スペクトルを得る事ができる。

　ヒスイの場合には、色の状態やそこに含有されている成分を特定する。

【②赤外線分光光度計による分析】

　赤外線を試料に照射して構造解析（定性）する分析法で、[フーリエ変換赤外分光光度計（FT-IRという）]を使用する。

　宝石やそこに含浸されている物質の構造を解析するもので、照射した赤外線がその構造によって吸収されて、それに対応したスペクトルが得られる。ヒスイの場合には、その構造や含浸物の内容を調べる。

❶ 含浸加工なしのヒスイのスペクトル

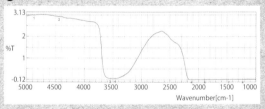

❶ 緑色のヒスイのスペクトル

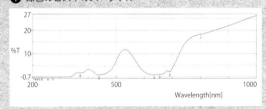

❷ ワックスを含浸加工したヒスイのスペクトル

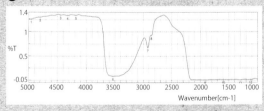

❷ 白色のヒスイのスペクトル

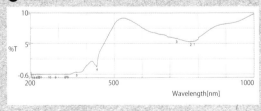

❸ 合成エポキシ樹脂を含浸加工したヒスイのスペクトル

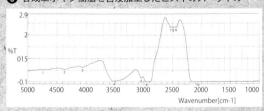

❸ 緑に着色したヒスイのスペクトル

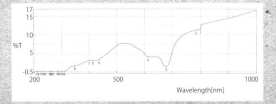

❹ 合成不飽和ポリエステル樹脂を含浸加工したヒスイのスペクトル

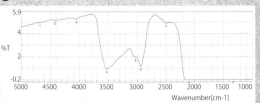

◉巻末付録
ヒスイの類似石図鑑
Simulated stones

その色の魅力から、別種の石がヒスイ（ジェード）と呼ばれて流通していることが珍しくない。半透明から不透明な石が代用とされるが、さらには様々なイミテーションも作られてきた。

古くは、石や動物の骨や牙を着色したものも作られたが、近年特に多く作られたのが"ネリモノ（練り物）"と呼ばれるガラス製品である。加えて、粉末にした鉱物や岩石を有色の合成樹脂で固めヒスイの質感を表現したものや、セラミックスを素材としたものも作られている。しかし微細な粒子を混入したところで、複雑な集合構造を再現する事は到底できない。海外でも同様なガラス製品が作られており、『リコンストラクテッド（再生）・ストーン Reconstructed stones』と呼ばれている。当然、その名前は正しいものではない。

以下には、ヒスイ（ジェード）の名前で呼ばれているジェダイト以外の天然石を、緑の石に限定して取り上げてある。

集合写真左上から右へ
1段目：①ネフライト　②ネフライト　③クォーツァイト　④マーブル　⑤ソーシュライト　⑥ソーシュライト　⑦ソーシュライト
2段目：⑧ロディン岩　⑨オパール　⑩クリソプレーズ　⑪プレーナイト　⑫クロム・カルセドニー　⑬アイドクレーズ　⑭アイドクレーズ／ハイドログロッシュラー・ガーネット
3段目：⑮サーペンチン　⑯ダイオプサイド　⑰クォーツ・シスト　⑱バーダイト　⑲バリサイト　⑳ライオライト　㉑アンデシン
4段目：㉒アマゾナイト　㉓ドロマイト　㉔ジャスパー　㉕ガスペイト　㉖モス・アゲート　㉗ハイドログロッシュラー・ガーネット　㉘フックサイト　㉙エメラルド

73

● 巻末特集　ヒスイの類似石図鑑

[ネフライト Nephrite（軟玉）]

$Ca_2(Mg,Fe^{2+})_5[OH|Si_4O_{11}]_2$
硬度：6〜6.5　比重：2.90〜3.02　屈折率：1.60〜1.61

[ジェード／ジェダイト／硬玉／軟玉]という呼称の混同がある中で、ジェダイトと混同されている宝石の代表格。硬度、質感共に、グリーンの宝石の中では群を抜いてジェダイトに似るものがある。
ジェダイトと比べると"油脂感"がありくすんだ色が多いが、肉眼でジェダイトとの区別が困難なものも珍しくない。Fe^{2+}の含有量が増加すると濃緑色になり、Fe^{2+}の含有量が減り Mg が増加するにつれ緑色は明るく淡色になる。

フォールス・ネーム　アラスカ・ジェード（――・ヒスイ）、シベリア・ジェード（――・ヒスイ）、タイワン・ジェード（――・ヒスイ）、トルキスタン・ジェード（――・ヒスイ）、ニュージーランド・ジェード（――・ヒスイ）、ブリティッシュ・コロンビア・ジェード（――・ヒスイ）、マオリ・ジェード（――・ヒスイ）、ワイオミング・ジェード（――・ヒスイ）

[ソーシュライト Saussurite（変斑糲岩）]

鉱物の集合の為、成分は一定しない
硬度：6〜7　比重：3.0〜3.4　屈折率：1.70

ソーシュライトは、スイスのベネディック・ソーシュがアルプスのモンブランで最初に発見したもので、アルバイト、ゾイサイト、クリノゾイサイト、エピドート等が集合している変成岩に付けられた特別な名称である。時にクォーツ、マイカ、クローライト、トレモライト、ガーネット、パンペリアイトが混じる。
源岩となったのは火成岩の『斑糲岩 Gabbro（ガブロ）』で、二次的に生じた鉱物の組み合わせがヒスイ岩的な外観をもたらしている。濃淡混合の緑、白色混じりの緑、褐色と緑色の混合状態を呈するものがある。
中国では河南省の独山（ドウシャン）で産出し、「独山玉 どくざんぎょく」「河南玉 かなんぎょく」「南陽玉 なにょうぎょく」など、同じものに対して複数の呼び名をもつ。

フォールス・ネーム　ホーナン・ジェード（――・ヒスイ）

[クォーツァイト Quartzite（珪岩）]

SiO_2
硬度：7　比重：2.63　屈折率：1.54〜1.55

変成岩の一種で、クォーツ成分に富む堆積物が変成したものと、石灰岩が珪化したものがある。広くグリーン・クォーツと呼ばれているが、正確にはクォーツァイト。
流通するグリーンのクォーツァイトの多くは人為的に着色したものだが、こちらは天然の色。緑の色の原因はクロム（Cr）を含んだ鉱物泥粒が形成されている為。
ヒスイだと信じられて鑑別に持ち込まれる石の多くがネフライトとこれである。

フォールス・ネーム　インディアン・ジェード（インド・ヒスイ）

[ロディン岩 Rodingite]

成分は一定せず
硬度：6〜7.5　比重：3.0〜3.4　屈折率：平均1.70

ロディン岩は、透輝石、単斜灰簾石、ぶどう石からなる岩石で、含ヒスイ岩に似ている。日本のヒスイの産地ではヒスイ探しの人をよく騙す事がある。緑色の入った綺麗な石で、「ニッケル含有珪質変成岩」と「ニッケル・クロム含有白雲母を含む変成岩」の2種類がある。

フォールス・ネーム　きつね石
（ヒスイの産地である糸魚川での呼び名）

[マーブル Marble（大理石）]

$Ca[CO_3]$
硬度：3〜4　比重：2.75〜2.85　屈折率：1.50〜1.67

海底に沈殿した石灰岩が変成してできたもので、カルサイトの粒が集合した形態をとる変成岩である。変成の過程で原岩となった石灰岩に含まれていた成分から二次的に生まれた鉱物が、色を与える事がある。
ガーネットやアイドクレーズ、ダイオプサイドの微細な集合はマーブルにグリーンの色をもたらして、ヒスイを思わせる石を形成する。

フォールス・ネーム　マーブル・ジェード（――・ヒスイ）

[オパール Opal（蛋白石）]

$SiO_2 \cdot nH_2O$
硬度：5.5〜6.5　比重：2.05〜2.25　屈折率：1.44〜1.47

珪酸分を含む鉱液から沈殿して形成されたもので、宝石学では「コモン・オパール Common opal」に分類される。遊色効果はなく一見してオパールのイメージにはないが、様々な色のものがある。グリーンのものはかなり少なく、色の原因は、ニッケルとクロムを含む事による。

フォールス・ネーム　オパール・ジェード（――・ヒスイ）

[クリソプレーズ Chrysoprase（緑玉髄・緑翠<ruby>りょくすい</ruby>）]

$SiO_2 + Ni$
硬度：7　比重：2.57〜2.64　屈折率：1.53〜1.54

低温域で形成された石英結晶の集合体。緑の色はニッケル（Ni）を含む鉱物泥粒を含む為で、珪酸成分がコロイド状をとって固まったもの。ジェダイトとは異なる次元の、古代から大層な人気があった宝石で、特徴的に黄色味をもつが、時に濃い緑色のものがある。
純金の中で成長してできた石だと考えられ、ギリシャ語の金を意味するクリソと韮の緑を意味するプラソンを合成して作られた名称である。

フォールス・ネーム　オーストラリア・ジェード（——・ヒスイ）、豪州ヒスイ

[プレーナイト Prehnite（葡萄石<ruby>ぶどうせき</ruby>）]

$Ca_2Al[(OH)_2|AlSi_3O_{10}]$
硬度：6〜6.5　比重：2.80〜3.00　屈折率：1.61〜1.64

多くはその和名が代表する様に"ぶどうの房"の様な形状で産出する。この鉱物は主に塩基性（えんきせい）火山岩の脈や空洞内に「Zeolite ゼオライト（沸石ふっせき）族」の鉱物を伴い二次鉱物として産出する。典型のコロフォーム colloform と呼ばれる集合体の形をとり、通常では光沢が強く脂ぎった感じのグリーンを見せるが、時にくすんだ色調のグリーンになるものがある。

フォールス・ネーム　明るい色のものが、時に「マスカット・ジェード」の名前で流通する事がある。

[クロム・カルセドニー Chrome chalcedony（翠玉髄<ruby>すいぎょくずい</ruby>、緑玉髄）]

SiO_2
硬度：7　比重：2.57〜2.64　屈折率：1.53〜1.54

クリソプレーズよりも高温域で形成された石英塊で、緑の色の原因は微細なクロム泥を含む為。色の幅には、白色、灰色、青色、赤色、褐色、黄色、（濃淡の）緑色、黄緑色、黒色のものがあるが、クロム成分の多いものではヒスイに見まごうものがある。
1955年にジンバブエのムトロシャンガ Mtoroshanga 地区のクロム鉱山で発見されたものは特別鮮やかなグリーンで、「ムトロライト Mtorplite」という宝石名称で呼ばれた。

フォールス・ネーム　ザンビア・ジェード（——・ヒスイ）
アフリカン・ジェード（——・ヒスイ）

[アイドクレーズ Idocrase（ベスブ石）]

$Ca_{19}Al_{10}(Mg,Fe^{2+})_3[(OH,F)_{10}|(SiO_4)_{10}|(Si_2O_7)_4]$
硬度：6〜7　比重：3.40〜3.47　屈折率：1.74〜1.75

アイドクレーズは宝石界での呼び名。「石灰岩 Limestone」や「苦灰岩 Dolostone」の層に貫入した花崗岩等のマグマとの接触部に成長する[スカルン Skarn]鉱物で、鉱物名称の「ベスビアナイト Vesuvianite」は、この鉱物が発見されたイタリアのベスビアス山に因んでいる。
変成鉱物で、黄色から褐色のものが多く、時にグリーンのものがあるが、いくぶん黄色味がかっている。

フォールス・ネーム　カリフォルニア・ジェード（——・ヒスイ）
アメリカン・ジェード（——・ヒスイ）

[アイドクレーズ／ハイドログロッシュラー・ガーネット Idocrase／Hydrogrossularite]

$Ca_{19}Al_{10}(Mg,Fe^{2+})_3[(OH,F)_{10}|(SiO_4)_{10}|(Si_2O_7)_4]$
$Ca_3Al_2[(SiO_4)_3(OH)]$
硬度：6〜7　比重：3.43〜3.53　屈折率：1.71〜1.74

集合状態で産出するものの中にはヒスイに外観が似るものがあるが、結晶の構造がガーネットと似ている事から、ガーネット（Hydrogrossularite）と混じり合っているものがあり、鑑別の作業を難しくする。
「アイドクレーズ Idocrase」の名前は、ギリシア語の"eidos（見かけ）"と"krasis（混じる）"を合わせた言葉が語源となっている。

フォールス・ネーム　トランスバール・ジェード（——・ヒスイ）、南アフリカ・ジェード（——・ヒスイ）

[ダイオプサイド Diopside（透輝石<ruby>とうきせき</ruby>）・塊状種]

$CaMg[Si_2O_6]$
硬度：5.5〜6.5　比重：3.22〜3.43　屈折率：1.66〜1.70

ダイオプサイドは[輝石族（Pyroxene family）]に属し、さまざまな火成岩や変成岩に含まれる造岩鉱物。ナトリウムとアルミニウムが主成分になると「ジェダイト（ひすい輝石）」に移行する。
ダイオプサイドはスカルンや超塩基性岩中によく見られる輝石で、火成岩中のものは鉄やクロムを多く含む事がある。ヒスイ・タイプのものは塊状体を成し、クロムを含む。

フォールス・ネーム　ヒダカ・ジェード（ヒスイ）
注・この表現は北海道産のものに限られるが、ジェダイトの産地である旭川市／深川市／芦別市のものとは異なる。

● 巻末特集　ヒスイの類似石図鑑

[サーペンチン Serpentine（蛇紋石）]

$Mg_6[(OH)_8|Si_4O_{10}]$
硬度：2.5～6　比重：2.44～2.62　屈折率：1.56～1.57

サーペンチンは正式な鉱物の名前ではなくグループとしての呼び名。
硬度が低いことから研磨や彫刻等の加工がし易く、研磨するといくぶん油がかったネットリとした光沢を表すが、特徴的に語源となった"蛇のようなserpentinus"に由来する多片状の集合模様を見せる。
時に緻密で硬度が高い変種がある。色あいの違いから、黄緑色の種類を『ボーウェナイト Bowenite』、濃緑色のものを『ウィリアムサイト Williamsite』と区別して呼ぶ。写真はウィリアムサイトの方。やはりネットリとした光沢は残る。

フォールス・ネーム　ニュー・ジェード（――・ヒスイ）、ニューマウンテン・ジェード（――・ヒスイ）、コリアン・ジェード（――・ヒスイ）、フォールス・ネフライト、スード・ネフライト：中国では産地により『南玉（なんぎょく）』、『東北玉（とうほくぎょく）』、『岫玉（しゅうぎょく）』など複数の名前をもつ。

[バーダイト Verdite（クロム雲母岩）]

SiO_2
硬度：2.5～4　比重：2.8～2.99　屈折率：1.58

フックサイトを主とする変成岩で、名称は"緑滴る"という意味の英語 verdant に由来する。濃緑色で、時に黄色やオレンジ色の斑点を含む美しい装飾石で、大塊で産する事から彫刻品などが作られている。

フォールス・ネーム　アフリカン・ジェード（――・ヒスイ）

[バリサイト Variscite（バリシア石）]

$Al[PO_4]·2H_2O$
硬度：3.5～4.5　比重：2.20～2.57　屈折率：1.56～1.59

通常のバリサイトは青味がかった緑色をしているが、時にかなり鮮やかな緑色のものがあり、その様なものでは一見ヒスイを思わせる。しかし質感が柔らかで、かなり個性的な緑である。常に塊状で産出して特徴的に多孔質で、スタビライズ (stabilize) 加工していないものでは水や油分を吸着して変色したり色褪せする事がある。かなり稀にトルコ石同様に珪化 (silicification（シリシフィケーション）) したものがあり、『アガタイズド・バリサイト Agatized variscite』とか『アマトリクス Amatrix』と呼ばれるが、その様なものでは十分ヒスイを思わせる。

フォールス・ネーム　ユタ・ジェード（――・ヒスイ）

[クォーツ・シスト Quartz schist（石英片岩）]

SiO_2
硬度：7　比重：2.65　屈折率：1.54～1.55

クォーツァイト（珪岩）よりも高圧下で形成された変成岩で、形成時に晶出したクロム雲母（フックサイト）が色の原因となっている。それが同方位に並んでいる場合には、アベンチュリン効果を見せ「砂金石」と呼ばれるが、その場合には、ジェードの名前では呼ばれない。ヒスイの類似石として使われるのは、雲母片を生じていないものに限られる。

フォールス・ネーム　インディアン・ジェード（インド・ヒスイ）

[ライオライト Rhyolite（流紋岩）]

珪酸分に富む火山岩で、石英と、Na・K を多く含む長石から成り、少量の角閃石、黒雲母などを含む。
硬度：5～7　比重：不定　屈折率：1.53

流紋岩の名前は、急冷して固定されたマグマの流動状態が見せる模様から付けられている。中には結晶粒が見えなく一様の地に見えるものがあり、ヒスイに似ているのはその様なものである。緑の原因は鉄分やクローライトの形成による。

フォールス・ネーム　ボルカニック・ジェード（――・ヒスイ）

[アンデシン Andesine（中性長石）・塊状種]

$Na[AlSi_3O_8]$
硬度：5.5～6　比重：2.65～2.69　屈折率：1.54～1.55

スカルン起源のアンデシンの塊状体変種で、グリーンの斑点状のウバロバイト・ガーネットを含んでいるものがある。
時に母石にゾイサイトを混じえているものがある。

フォールス・ネーム　フィリピン・ジェード（――・ヒスイ）

[アマゾナイト Amazonite（天河石）]

$K[AlSi_3O_8]$
硬度：6～6.5　比重：2.56～2.58　屈折率：1.52～1.53

鉱物種は「微斜長石 Microcline」で、その変種のアマゾナイトの色は通常はブルーだが、時にかなり緑色味の強いものがある。
その様なものでは、本来のアマゾナイトに特徴的に備わっているパーサイト（perthite）構造が見られないものがある。

フォールス・ネーム　アマゾン・ジェード（――・ヒスイ）

[ドロマイト Dolomite（苦灰石）]
CaMg[CO$_3$]$_2$
硬度：3.5～4　比重：2.85～2.93　屈折率：1.50～1.68

石灰岩が Mg を含んだ鉱液と反応して生じた鉱物で、その集合体を「苦灰岩 Dolostone ドロストーン」といい、外観からはマーブルとの区別は付けにくい。「ドロマイト・マーブル Dolomite-marble（苦灰質大理石）」ともいい、緑色のものは不透明なヒスイという感じの石である。

フォールス・ネーム　マーブル・ジェード（――・ヒスイ）

[ジャスパー Jasper（碧玉）]
SiO$_2$
硬度：7　比重：2.57～2.91　屈折率：1.53

火山性の堆積物が珪酸成分で固化した岩石で、様々な色をもつ。クローライトの存在でグリーンになるが、かなりくすんだ緑である。ブラッド・ストーンの赤色斑点のないものといえば分かりやすい。

フォールス・ネーム　なし

[ガスペイト Gaspeite（菱ニッケル鉱）]
Ni[CO$_3$]
硬度：4.5～5　比重：3.70～3.75　屈折率：1.61～1.83

カルサイト系鉱物の一員で、塊状種は 1966 年にカナダのガスペ半島で発見された。
同系の「マグネサイト Magnesite Mg[CO$_3$]」とは任意の量で混じり合い、ガスペイトそのものはかなり濃密の緑色をもっているが、やや黄色がかりくすんだ色調になる。混っているマグネサイトの量が多くなるほど緑の色は明るくなり、同時にクォーツ成分が鉱染しているものでは、メノウ同様に硬質となる。

フォールス・ネーム　なし

[モス・アゲート Moss agate（苔瑪瑙）]
SiO$_2$
硬度：7　比重：2.58～2.62　屈折率：1.53

クローライトが苔の様に見えるメノウをいうが、それが密に入ると緑一色に見える場合がある。

フォールス・ネーム　なし

[ハイドログロッシュラー・ガーネット Hydrogrossularite（加水灰礬柘榴石）]
Ca$_3$Al$_2$[(SiO$_4$)$_3$(OH)]
硬度：7　比重：3.45～3.55　屈折率：1.70～1.73

ガーネットの珪酸基（SiO$_4$）の一部が水酸基（OH）で置き換えられている種類で、成分中に"水酸基 OH"を含んでいるので、グロッシュラー・ガーネットの成分上の変種に分類される。
特徴的に塊状体で産出し『マッシブ・グロッシュラー Massive grossular』という別名がある。この石にはピンクや黄色など複数の色のタイプがあるが、代表格はグリーンで色の原因はクロム（Cr）。「マグネタイト Magnetite（磁鉄鉱）」や「クロマイト Chromite（クロム鉄鉱）」の黒色の斑点紋を持つ石が多いが、ジェダイトにこの様な黒点はほとんど見られない。「アイドクレーズ」と混じり合っている場合があり、鑑別の作業を難しくする。

フォールス・ネーム　トランスバール・ジェード（――・ヒスイ）
南アフリカ・ジェード（――・ヒスイ）

[フックサイト Fuchsite（クロム白雲母）]
KAl$_2$[(OH,F)$_2$|AlSi$_3$O$_{10}$]
硬度：2.5～4　比重：2.75～3.20　屈折率：1.52～1.70

ジェードの名前で呼ばれるものは、微細な結晶の集合塊の場合に限定される。
かなり軟質で、ヒスイとは容易に区別されるが、時に珪酸分で固化したものがありシリシファイド・フックサイトと呼ばれ、硬度が増す為にヒスイと誤認しやすくなる。

フォールス・ネーム　ソフト・ジェード（――・ヒスイ）

[エメラルド Emerald（翠玉、翠緑玉）]
Al$_2$Be$_3$[Si$_6$O$_{18}$]
硬度：7.5～8　比重：2.68～2.78　屈折率：1.57～1.60

クロム（Cr）を含んで緑に発色したベリルをエメラルドと呼ぶが、成長の条件からインクルージョンが多く発生するのが最大の特徴。
エメラルドの真価は透明度だが、インクルージョンが多すぎて不透明になると、かなりヒスイに似たものとなる。

フォールス・ネーム　なし

77

索引

あ

アイス・ジェード　31,52
アイドクレーズ　73,74,75,77
アセンブルド　70
アマゾナイト　73,76
アルバイト　35,43,44,74
アンデシン　73,76
5つの徳　7
糸魚川　28,29,32,55,60,74
糸魚川石　59
陰翳礼讃　31
インペリアル　40
インペリアル・グレード　22
ウィンドー　65
Aジェード　68
笑窪模様　71
エジリン　38,39,41
エッケルマナイト　43
エデナイト　43
エメラルド　31,73,77
青海石　58,59
オージャイト　38,41
オパール　30,73,74
オフィオライト帯　35
温石　4
オンファサイト
　38,39,40,41,42,43,55

か

角玉　12
角閃石　16,44,57,61,76
加水灰礬柘榴石　61,77
ガスペイト　73,77
加熱処理　70
河玉　12

きつね石　74
含浸処理　68,69
橄欖岩　35,36,44
キャッツアイ効果　50
玉門関　13,15
錐輝石　39,41
クォーツァイト　73,74,76
クォーツ・シスト　73,76
苦灰石　77
クリソプレーズ　73,75
クローライト　43,61,74,76,77
クロム雲母岩　76
クロム・カルセドニー　73,75
クロム白雲母　77
クロロメラナイト　41,43
珪岩　74,76
蛍光検査　71
顕微鏡検査　71
玄武岩　36,37
広域変成作用　36
孔子　10,17,22
コーティング　70
仔玉　12
苔瑪瑙　77
コスモクロア
　38,39,40,41,42,43,54,70
コマーシャル　40
コランダム　61
崑崙山　16,31
崑崙山脈　12,13,16
崑崙の玉　14,16

さ

サーペンチン　8,24,73,76
祭祀器　10,24
石榴　26

山流水　12
Cジェード　68
ジェード・ロード　13,14
ジェディタイト　38
自然銅　60
ジャスパー　42,73,77
蛇紋岩
　28,35,36,37,44,45,46,61
蛇紋岩メランジュ帯　35,37,61
蛇紋石　35,45,57,76
樹脂含浸処理　68
春琴抄　31
鑲嵌具　24
シルク・ロード　14
ジルコン　60
翠玉　20,77
翠玉髄　75
翠緑玉　77
スード・ジェダイト　43
スキン　47,56,65
ストロンチウム斜方ホアキン石　58
スポンジ・ヒスイ　42
石墨　37,61
石英片岩　76
雙喜文　26
装飾器　25
曹長石　35,43
相馬御風　32
ソーシュライト　73,74

た

ダイオプサイド
　38,39,40,61,73,74,75
大珠　5,28
大理石　74
琢玉工芸　8

78

市場で実際に使われている言葉を調べる場合を想定し、フォールスネームの名前についても、一部収録しています。

脱色処理	69	ヒスイの白菜	26,31	**や**	
蛋白石	74	被膜処理	70		
着色処理	68,69	福禄寿	26	山料	12
中性長石	76	武具	10,25	ユレイアイト	41
蝶	26	符節器	24	ユーティリティ	40
鉄緑林	42	普通輝石	38,41		
天河石	76	フックサイト	73,76,77	**ら**	
透輝石	38,39,61,74,75	仏手	26		
トーモー	22,43,44,45	葡萄	15	ライオライト	73,76
塗装処理	70	葡萄石	61,75	蘭	26
ドロマイト	73,77	ブラック・ジェード	43	藍閃石	34,35
		ブラック・ジェダイト	39,41	リコンストラクテッド・ストーン	73
な		プレーナイト	61,73,75	流紋岩	76
		プレシャス・グリーン	54	菱ニッケル鉱	77
ナムシャモー	44	文具	10,24	緑玉髄	75
軟玉	30,74	ペインティング	70	緑翠	75
南京錠	26	碧玉	77	緑閃石	61
奴奈川	28,29	ペクトライト	60	礼器	24
奴奈川石	58,59	ベスブ石	75	蓮華石	60
奴奈川姫	28,32	変斑糲岩	74	琅玕	17,22,23,31
ネリモノ	73	偏モザイク状組織	71	撈玉	12
濃緑玉	41	鳳凰	9,16,17,26	六耳宝結び文	26
		法具	24	ロディン岩	73,74
は		ホータン	14		
		ホロー・カボション	70	**わ**	
バーダイト	73,76	ホワイト・アルバイト	43		
ハイドログロッシュラー・ガーネット				ワックス含浸処理	68
	61,73,75,77	**ま**			
八卦	26				
バリシア石	76	マーブル	73,74,77		
バリサイト	73,76	マトリクス・ジェード	35		
バンモー	44	ミェンモー	44		
斑レイ岩（斑糲岩）	36,37,74	明星山	28,32,46,47		
Ｂジェード	68	モーイング	65		
翡翠玉	20,24,25,28,34	モー・シ・シ	43		
ヒスイの７色	51	モス・アゲート	73,77		
		喪葬器	24		

最後に ─────

ヒスイは人間との出会いが大変に古い宝石である。縄文人が、オルメカ人が、そして中国人は殷の時代からジェードを愛好してきた。

およそ1万年という長大な時間の中で、ネフライト・ジェードが連綿として愛好され、ヒスイは歴史をまたいで5000年という短い時間だけ人々の前に顔をだした宝石である。

近世になって再びヒスイは人々の前に顔を出し、ヒスイを独特の工芸として世に出した清の王朝はたった100年余りジェダイトに拘って終焉を迎えている。しかしその工芸の文化は現在も続いている。

ジェードやヒスイには特別な魅力があり、空白の時間はあったものの、世界の人々がその美しさを個々に発見してきた面白い宝石である。といってもそれは鑑別家の視点なのかも知れない。

しかしヒスイはその真の姿が分かり難い宝石である。科学の発達でその姿がかなりわかってきたとはいえ、まだまだ不明な部分も多い。

筆者は鑑別家という立場からその内部を覗いてみた。本書にはその玉石に拘った人々の歴史も書いてみた。日本鉱物科学会は2016年9月24日にヒスイを日本の石（国石）に選定した。学会は、日本は世界で最古のヒスイ文化をもち、日本でも採れる宝石という理由などから決めた様だ。

読者諸兄はこの歴史ある宝石の魅力を知って、【ひすい】という宝石を正しく後世に伝えていただきたい。

著者紹介

日本彩珠宝石研究所所長。1950年生まれ。1971年今吉隆治に参画「日本彩珠研究所」の設立に寄与。日本産宝石鉱物や飾り石の世界への普及を行う。この間、宝石の放射線着色や加熱による色の改良、オパールの合成、真珠の養殖などの研究を行う。1985年宝石製造業、鑑別機関に勤務後「日本彩珠宝石研究所」を設立。崎川範行、田賀井秀夫が参画。新しいタイプの宝石の鑑別機関として始動。2001年日本の宝石文化を後世に伝える宝石宝飾資料館を作ることを最終目的とし、「宝飾文化を造る会」を設立。現在同会会長。2006年天然石検定協議会の会長に就任。終始"宝石は品質をみて取り扱うことを重視すべき"を一貫のテーマとした教育を行い、"収集と分類は宝飾の文化を考える最大の資料なり"として収集した飯田コレクションを、現在同研究所の小資料館に収蔵。

【日本彩珠宝石研究所】〒110-0005　東京都台東区上野5-11-7　司宝ビル2F
TEL.03-3834-3468　FAX.03-3834-3469　saiju@smile.ocn.ne.jp　http://www.saijuhouseki.com

---

宝石のほん シリーズ vol.02　**翡翠**　ひすい

2017年4月5日　第1刷 発行
2020年10月19日　第2刷 発行

著　者	飯田 孝一（日本彩珠宝石研究所 所長）
写　真	小林 淳（一部をのぞく）
デザイン	シマノノノ
編　集	島野 聡子
発行人	浅井 潤一
発行所	株式会社 亥辰舎 〒612-8438　京都市伏見区深草フチ町1-3 TEL.075-644-8141　FAX.075-644-5225 http://www.ishinsha.com
印刷所	土山印刷株式会社

定価はカバーに表示しています。
ISBN978-4-904850-63-3　C1040

写真提供
p.4　Triff/Shutterstock.com
p.5　下左 Jan Harenburg・下右 Wolfgang Sauber
p.6-7　fotohunter/Shutterstock.com
p.8-9　下 Hung Chung Chih/Shutterstock.com
p.10　上 Bruce Rolff/Shutterstock.com・下 Chaloemwut/Shutterstock.com
p.11　上 Naus
p.12　上 Krishna.Wu/Shutterstock.com
p.13　上 f9photos/Shutterstock.com・下 Rat007/Shutterstock.com
p.14-15　下 Triff/Shutterstock.com
p.15　コラム内 suronin/Shutterstock.com
p.16-17　鳳凰 Fotokostic/Shutterstock.com
p.18-19　Bule Sky Studio/Shutterstock.com
p.22　コラム内 Butterfly Hunter/Shutterstock.com
p.26　peeliden
表紙背景　Keru6006

©ISHINSHA 2017 Printed in Japan　本誌掲載の写真、記事の無断転載を禁じます。